FORSCHUNGSBERICHTE DES LANDES NORDRHEIN-WESTFALEN

Nr. 1908

Herausgegeben im Auftrage des Ministerpräsidenten Heinz Kühn
von Staatssekretär Professor Dr. h. c. Dr. E. h. Leo Brandt

DK 620.178.74:620:171:34

K. Naseband *E. Martin* *R. Helms*

Bundesanstalt für Materialprüfung (BAM), Berlin-Dahlem

Einfluß der Probenform auf das Ergebnis des Kerbschlagbiegeversuches

Auswertung der Fachliteratur

WESTDEUTSCHER VERLAG · KÖLN UND OPLADEN 1968

ISBN 978-3-663-06256-1 ISBN 978-3-663-07169-3 (eBook)
DOI 10.1007/978-3-663-07169-3

Verlags-Nr. 011908

Gesamtherstellung: Westdeutscher Verlag

Inhalt

Einleitung 5

1. Einfluß des Flankenwinkels 5

2. Einfluß der Kerbtiefe 8

3. Einfluß des Kerbradius 9

4. Einfluß der Kerbherstellung 12

5. Einfluß der Probenbreite 15

6. Einfluß der Probenlänge 20

7. Einfluß des Probenquerschnitts 21

8. Einfluß der Stützweite 26

Literaturverzeichnis 26

Abbildungsanhang 29

Einleitung

Die Ergebnisse des Kerbschlagbiegeversuches sind von den Probenabmessungen abhängig; das wurde bereits 1907 von EHRENSBERGER [1] und Mitarbeitern festgestellt. Seitdem der »Internationale Verband für die Materialprüfungen« anläßlich seines Kongresses in Kopenhagen (1909) Vereinbarungen über die Kerbschlagprobe getroffen hat, ist die Klärung dieser Abhängigkeit von allgemeinem Interesse. Die ersten planmäßigen Untersuchungen erfolgten dann etwa ab 1912 durch BAUMANN, STRIBECK, HEYN und SCHÜLE [2].

Es zeigte sich bald, daß die Verhältnisse bei der Kerbschlagprobe recht verwickelt und Ähnlichkeitsgesetze nicht anwendbar sind [3]; das heißt, daß ein Vergleich der mit verschiedenen Proben ermittelten Kerbschlagzähigkeitswerte nicht ohne weiteres möglich ist. Durch Änderung der Probenabmessungen werden Spannungszustand und Verformungsgeschwindigkeit beeinflußt, was sich dann meist auch auf den Verlauf der a_K-ϑ-Kurve (Kerbschlagzähigkeits-Temperatur-Kurve) auswirkt. Wie sich zeigen wird, ist die Erfassung der Einflüsse durch Änderung einer Probenabmessung meist nur der Tendenz, nicht jedoch der absoluten Größe nach möglich. Der Grund dafür ist einmal im Werkstoffeinfluß, zum anderen darin zu suchen, daß sich bei Änderung einer Abmessung zwangsläufig mehrere Einflüsse überlagern können; z. B. werden durch Änderung der Kerbtiefe bei Einhaltung aller anderen Probenabmessungen gleichzeitig das Seitenverhältnis und der Bruchquerschnitt geändert. Die einzelnen Einflüsse anteilig voneinander zu trennen ist nicht immer möglich. Es wird daher zumeist nur eine qualitative Erfassung der einzelnen Einflüsse möglich sein, die aber gelegentlich eine angenäherte Bewertung der mit verschiedenen Proben gewonnenen Ergebnisse zulassen wird.

Wie wünschenswert es ist, Vergleichsmöglichkeiten zu besitzen, geht allein aus den von K. RÜHL zusammengestellten Tab. 1a und 1b (in Verbindung mit den Abb. 1 und 2) hervor, die die gebräuchlichsten und in den verschiedenen Staaten z. T. auch genormten Proben enthalten.

Zu der zugrunde liegenden Literaturauswertung ist einschränkend zu bemerken, daß die Versuchsergebnisse der älteren Arbeiten vorsichtig zu beurteilen sind, weil zumeist nur bei einer Temperatur geprüft wurde und somit nicht zu erkennen ist, an welcher Stelle des a_K-ϑ-Zusammenhanges die Prüfung erfolgte. Selbst eindeutig in der Hochlage liegende Werte lassen sich nicht immer als die Maximalwerte identifizieren.

1. Einfluß des Flankenwinkels

Ähnlich wie für die übrigen Abmessungen der Kerbschlagbiegeproben sind auch für den Flankenwinkel (Spitzkerbproben) in den maßgeblichen Normvorschriften Maßtoleranzen angegeben, z. B. $45° \pm 1°$ (ASTM E 23-60) oder $45° \pm 2°$ (ISO/R 148). Die Angabe derart enger Toleranzen kann leicht Anlaß zu der Vermutung geben, daß Abweichungen vom Sollmaß des Flankenwinkels sich auf die Ergebnisse des Kerbschlagbiegeversuches merklich auswirken. Untersuchungsergebnisse zu diesem Thema, besonders bezogen auf den Kerbschlagbiegeversuch, sind jedoch nicht bekannt.

Einige Hinweise dazu können für den Fall der elastischen Verformung der »Theorie des Flankenwinkels« (H. NEUBER [5]) entnommen werden, wonach sich mit dem Flanken-

Tab. 1a *Abmessungen von Kerbschlagbiegeproben nach Abb. 1a, frei aufliegend, Maße in mm* (nach K. RÜHL [4]*)

Nr.	Probe	Probenform (Abb. 1)	Kerbform (Abb. 2)	Probenlänge L	Probenhöhe H	Probenbreite B	Kerbtiefe t	Rundkerb-Dmr. d	Spitzkerbradius ϱ (Abb. 2, III)	Kerbflankenwinkel ω (Abb. 2, III)	Auflagerlänge L_s
1	DVM (Rundkerb)	a	I, II	55	10	10	3	2	–	–	40
2	ISO-Rundkerbprobe[1])	a	I, II	55	10	10	5	2	–	–	40
3	ASTM, Charpy-keyholespecimen	a	I	55	10	10	5	2	–	–	40
4	ASTM, Charpy-U-notchspecimen	a	II	55	10	10	5	2	–	–	40
5	MESNAGER-Probe	a	II	55	10	10	2	2	–	–	40
6	VSM-Probe	a	I	55	10	10	2,5	2	–	–	40
7	ASST-Probe (ASM)	a	I	50,8	10	10	5	2	–	–	40
8	VGB-Probe	a	I	160	30	15	15	4	–	–	120
9	Große CHARPY-Probe nach ASTM und alte deutsche Probe	a	I	160	30	30	15	4	–	–	120
10	DVMK (Kleinprobe)	a	I	44	6	6	2	1,5	–	–	30
11	SCHNADT-Proben	a_1	III	55	~ 9,5[2])	10	2[3])	–	[4])	45°	40
12	ISO-Spitzkerbprobe	a	III	55	10	10	2	–	0,25	45°	40
13	CHARPY-V-Notch-specimen (Spitzkerb) nach ASTM	a	III	55	10	10	2	–	0,25	45°	40
14	Kleine CHARPY-Spitzkerbprobe, Typ U, V und W	a	III	55	5	[5])	1	–	0,25	45°	40
15	Probe nach BS 131	a	III	60	10	10	2	–	0,25	45°	40
16	Kleinprobe nach BS 131	a	III	30	5	10	1,5	–	0,25	45°	20
17	Kleinprobe nach BS 131	a	III	30	5	5	1,5	–	0,25	45°	20
18	DVMF (Flachkerb)	a	IV	55	10	8	4	8	–	–	40
19	Schlitzkerbprobe nach O. GRAF	a	I	55	10	10	3	0,5	–	–	40

*) Die DVMS-(alte Spitzkerb-)Probe wurde nicht mitübernommen; neu aufgenommen wurden die Proben nach Nr. 11, 12 und 14.
[1]) Auch französische Normprobe. Barreau U. F.
[2]) [3]) Bei den Proben mit $\varrho = \infty$ wird $H \approx 7{,}5$ und $t = 0$.
[4]) Meistgebrauchte Kerbradien $\varrho = \infty$; 4; 2; 1,5; 1; 0,5; 0,25; 0,11 und 0.
[5]) Probenbreite: Typ U: 20 mm, Typ V: 10 mm und Typ W: 5 mm.

Tab. 1b Abmessungen von Kerbschlagbiegeproben nach Abb. 1b bis f, eingespannt (Izod-Proben): Maße in mm, in Einzelfällen in Zoll (bezeichnet mit ″) (nach K. Rühl [4])

Nr.	Probe	Probenform (Abb.1)	Querschnittsform (Abb.2)	Kerbform (Abb.2)	Probenlänge L	Probenhöhe H	Probenbreite B	Kerbtiefe t	Spitzkerbradius ϱ (Abb. 2, III)	Kerbflankenwinkel ω (Abb. 2, III)	Kerbabstand a	Schlagabstand b
20a	Izod-Probe nach BS 131 u. ASTM	b	1	III	75	10	10	2	0,25	45°	28	6
20	Kleine Izod-Probe nach BS 131	b	1	III	37,5	5	10	1,5	0,25	45°	14	3
21	Kleine Izod-Probe nach BS 131	b	1	III	37,5	5	5	1,5	0,25	45°	14	3
22	Izod-Probe nach BS 131, 3 Kerben	c	1	III	130	10	10	2	0,25	45°	28	6
23	Kleine Izod-Probe nach BS 131, 3 Kerben	d	1	III	65	5	10	1,5	0,25	45°	14	3
24	Kleine Izod-Probe nach BS 131, 3 Kerben	e	1	III	67	5	10	1,5	0,25	45°	14,8	3,8
25	Kleine Izod-Probe nach BS 131, 3 Kerben	c	1	III	67	5	5	1,5	0,25	45°	14	3
26	Rundprobe nach BS 131, 1 Kerb	b	2; 3	III	3″	D = 0,45″		[1]	0,25	45°	1,1″	6
27	Rundprobe nach BS 131, 3 Kerben	c	2; 3	III	5,2″	D = 0,45″		[1]	0,25	45°	1,1″	6
28	Rundprobe nach ASTM, Typ Z	b	3	III	75	D = 11,4		3,27	0,25	45°	28,6	6
29	Rundprobe nach ASTM, Typ Y	f	3	III	137	D = 11,4		1,9	0,25	45°	28,6	6
						D_1 = 7,62						

[1]) Entweder Kerbausbildung nach Abb. 2 (2) mit t = 0,12″, R = 1,005″ oder nach Abb. 2 (3) mit t = 0,13″.

In den Tab. 1a und 1b auftretende Abkürzungen:

DVM = Deutscher Verband für die Materialprüfung
VSM = Verband Schweizerischer Maschinen-Industrieller
ASST = American Society for Steel Testing
BS = British Standard
ISO = International Organisation for Standardization
ASTM = American Society for Testing and Materials
ASM = American Society of Metals
U.F. = Union Française

Unterlagen für die in den Tab. 1a und 1b gemachten Angaben:

Nr. 1, 2, 8, 10, 18 – DIN 50115, DIN-Taschenbuch 19 (Materialprüfnormen) 1966
Nr. 3, 4, 13, 14, 20a, 28, 29 – ASTM E 23-60, ASTM Standards 1961, Part 3
Nr. 15, 16, 17 und 20a bis 27 – BS 131, BS Handbook No. 13, 1951
Nr. 2 – ISO/R 83 (1959)
Nr. 11 – Schnadt, H. M., Einführung in die Atopieprüfung von Stählen. Sonderdruck aus Oerlikon Schweißmitteilungen **16** (1958), Nr. 31, S. 14–28, und Eisenberger Schweißnachrichten **4** (1958), Nr. 8, S. 14–28
Nr. 12 – ISO/R 148 (1960)
Nr. 1, 2, 5, 6, 7, 8, 9, 10, 11, 13, 18, 19 – Handbuch der Werkstoffprüfung, 2. Aufl., Bd. 2, Springer-Verlag, Berlin–Göttingen–Heidelberg 1955, S. 184–186.

winkel auch der Kerbfaktor ändert. Bei einer Abweichung um einige Winkelgrade von dem für die Spitzkerbproben üblichen Wert von 45° wird, wie aus den Abb. 3 und 4 ersichtlich ist, der Kerbfaktor[1] sowohl bei flachem als auch bei tiefem Kerb nur so geringfügig beeinflußt, daß eine merkliche Auswirkung auf den a_K-ϑ-Verlauf nicht erwartet wird.

2. Einfluß der Kerbtiefe

Es ist bekannt, daß die Kerbtiefe einen erheblichen Einfluß auf die Ergebnisse des Kerbschlagbiegeversuches hat. Damit erhebt sich einmal die Frage, inwieweit der a_K-ϑ-Zusammenhang durch die bei der Probenherstellung innerhalb der zulässigen Maßtoleranzen (vgl. die einschlägigen Normen) auftretenden Abweichungen der Kerbtiefe vom Sollmaß beeinflußt wird. Andererseits ist die Frage von Interesse, ob die mit Proben unterschiedlicher Kerbtiefe, sonst aber gleichen Abmessungen (z. B. Proben Nr. 1–7 in Tab. 1a) gewonnenen Ergebnisse miteinander vergleichbar sind.
Die dafür geltenden Verhältnisse sind also dadurch gekennzeichnet, daß die Kerbtiefe bei gleichbleibender Gesamtprobenhöhe verändert wird. Dabei überlagern sich jedoch mehrere entgegengesetzt wirkende Einflüsse [6]. So wird bei Vertiefung des Kerbes der Bruchquerschnitt kleiner, das Verhältnis von Probenbreite zur Bruchquerschnittshöhe größer, die Verformungsgeschwindigkeit im Kerbgrund geringer und der Kerb überhaupt relativ größer. Diesen Fall behandelnde Untersuchungen werden mehrfach angeführt; sie führten überwiegend zu ähnlichen Ergebnissen; vgl. N. Petrenko [7, 8]; A. Steccanella [9]; E. Dupuy, J. Mellon und P. Nicolau [10]; R. Mailänder [11, 12]; G. Malmberg [13] und weitere: Die Kerbschlagzähigkeit in der Hochlage nimmt mit wachsender Kerbtiefe ab, und zwar, wie aus den Abb. 5, 6 und 7 zu ersehen ist, anfänglich sehr stark und dann langsamer werdend. Dieses Verhalten ist offenbar stark werkstoffabhängig, denn der Einfluß der Kerbtiefe wird um so geringer, je niedriger die Kerbschlagzähigkeit des Stahles ist, s. Abb. 8 und 9.
Zu den Abb. 5 und 9 muß einschränkend gesagt werden, daß nur die bei *einer* Temperatur ermittelten Werte dargestellt sind, die deshalb nicht unbedingt die maximale Kerbschlagzähigkeit in der Hochlage, sondern einen durchschnittlichen Wert wiedergeben; wegen der Vielzahl der Versuchswerkstoffe besitzen sie jedoch vermutlich eine große Aussagefähigkeit.
Auch die Steilheit des Überganges von der spröden zur zähen Bruchart wird durch die Kerbtiefe beeinflußt. Sie nimmt mit wachsender Kerbtiefe ebenfalls ab und scheint sich auch einem unteren Grenzwert zu nähern; vgl. Abb. 6 und 8.
Die Versuchsergebnisse von R. Mailänder [12], die mit 2, 3 und 5 mm tief gekerbten Proben erzielt wurden, vgl. auch Abb. 8, lassen mit zunehmender Kerbtiefe eine noch werkstoffabhängige Verschiebung des Steilabfalls zu höheren Temperaturen erkennen. Wie aus einer Arbeit von G. Malmberg [13] hervorgeht (vgl. Abb. 6 und 7), ist diese Verschiebung anfänglich sehr groß und wird dann kleiner, bis von einer bestimmten Kerbtiefe ab (hier etwa 2,5 mm) keine weitere Veränderung mehr zu beobachten ist.
Die in den Abb. 5 und 7 dargestellten Ergebnisse lassen darauf schließen, daß sowohl hinsichtlich der Kerbschlagzähigkeit in der Hochlage als auch hinsichtlich der Übergangstemperatur ein gesetzmäßiger Einfluß der Kerbtiefe vorliegt. Daher sollten die Toleranzen für Kerbtiefe bzw. Gesamtprobenhöhe oder Bruchquerschnittshöhe bei Proben mit einer Sollkerbtiefe $\leqq$ 2,5 mm so klein wie möglich gehalten werden, damit auf unterschiedliche Kerbtiefe zurückzuführende Abweichungen der Prüfergebnisse ver-

[1] Aus Zweckmäßigkeitsgründen für α_K^2 aufgetragen.

mieden werden. So erscheint z. B. im Gegensatz zur CHARPY-Spitzkerbprobe oder zur IZOD-Probe, bei denen die Kerbtiefe um $\pm$ 0,05 mm vom Sollmaß 2 mm abweichen darf, die Toleranz $\pm$ 0,22 mm für die ebenfalls 2 mm tief gekerbte ISO-Spitzkerbprobe als zu groß (Proben vgl. Tab. 1a).
Die Vergleichbarkeit der mit Proben verschiedener Kerbtiefe, sonst aber gleichen Abmessungen ermittelten Kerbschlagzähigkeitswerte ist somit nicht ohne weiteres möglich; mit Sicherheit läßt sich nur qualitativ aussagen, daß Proben mit flacherem Kerb höhere Werte liefern werden. Wird angenommen, daß mit wachsender Kerbtiefe von einem bestimmten Wert ab, z. B. ab rd. 2 mm bei Proben 10 mm · 10 mm · 55 mm mit 2 mm Kerbdurchmesser, eine Verschiebung des Steilabfalls kaum noch auftritt, dann sind die an Hand der umfangreichen Versuchsergebnisse von A. STECCANELLA, E. DUPUY, J. MELLON und P. NICOLAU sowie R. MAILÄNDER aufgestellten mittleren Beziehungen für 2, 3 und 5 mm tiefe Kerben von Wert (Abb. 10). Bei Benutzung dieser Umwertung ist jedoch zu bedenken, daß es sich nur um mit großen Streuungen behaftete Mittelwerte handeln kann, wie dies eindrucksvoll aus Abb. 11 nach C. BIHLMAIER [14] hervorgeht. Dieser Zusammenhang aus den Ergebnissen einer Vielzahl von Versuchen an unterschiedlichen Stählen wurde der Ermittlung einer Umrechnungszahl zwischen den mit DVM- und MESNAGER-Proben erzielten Zähigkeitswerten zugrunde gelegt. Ein Vergleich der Abb. 10 und 11 zeigt, daß sich in beiden Fällen ein nahezu gleich großes Verhältnis für die Kerbschlagzähigkeit der 2 mm zu der 3 mm tief gekerbten Probe ergibt:

nach C. BIHLMAIER: 1,16 : 1,
nach R. MAILÄNDER: 1,20 : 1.

Wird die Kerbtiefe bei gleichbleibendem Bruchquerschnitt durch Veränderung der Gesamtprobenhöhe variiert, so wird nach R. MAILÄNDER [11] und L. W. SCHUSTER [14a], vgl. Abb. 5 und 12, die Kerbschlagzähigkeit ähnlich wie in dem vorher besprochenen Fall beeinflußt, jedoch ein unterer Grenzwert schon bei einer geringeren Kerbtiefe erreicht. Ein Überschreiten dieser Kerbtiefe wirkt sich dann also, wie aus Abb. 13 zu ersehen, auf die Kerbschlagzähigkeit nicht mehr aus. – Über die Beeinflussung der Übergangstemperatur ist nichts bekannt; wegen der Verschärfung des mehrachsigen Spannungszustandes kann aber angenommen werden, daß bis zum Erreichen der o. a. Grenzkerbtiefe auch hier ein ähnliches Verhalten auftritt, wie es in Abb. 7 gezeigt wird.

3. Einfluß des Kerbradius

Eine Veränderung der Kerbschärfe verursacht die Überlagerung zweier sich gegenseitig verstärkender Wirkungen. Durch die Verkleinerung des Kerbhalbmessers wird einmal der mehrachsige Spannungszustand verschärft und das Fließvolumen verkleinert; daneben wird durch die Verkleinerung des für die Verformung verfügbaren Streifens am Kerbgrund die Verformungsgeschwindigkeit erhöht [6, 16].
Über die Kurve, die für die Hochlage die Abhängigkeit der Kerbschlagzähigkeit vom Kerbhalbmesser darstellt, läßt sich nach F. FETTWEIS [6] von vornherein sagen, daß sie sich mit zunehmendem Radius asymptotisch einem bestimmten Grenzwert, nämlich der Biegearbeit für einen ungekerbten Stab, nähern und ferner bei abnehmendem Radius die Ordinate (a_k-Achse) bei einem Wert $a_k > 0$ erreichen wird. Diese Aussage wird durch entsprechend durchgeführte oder ausgewertete Versuche [17, 18, 19, 20] bestätigt, vgl. Abb. 14.

Da nur wenige Versuchsergebnisse vorliegen, diese aber einen Einfluß des Werkstoffs auf den Verlauf der Kerbschlagzähigkeit-Kerbradius-Kurven erkennen lassen, scheint eine theoretische Behandlung dieser Frage z. Z. schwierig. Die wichtigste Feststellung, die getroffen werden kann, ist, daß eine Änderung des Kerbradius im unteren Bereich (etwa zwischen 0 und rd. 2 mm) die Hochlage am stärksten beeinflußt; das trifft also besonders für die heute in der Praxis üblichen Kerbschärfen zu. Aus den einzelnen Versuchsberichten geht weiter hervor, daß der Kerbradius auf die Tieflage kaum einen Einfluß ausübt [13, 17]. Der Übergang von der Hoch- zur Tieflage wird jedoch offenbar mit zunehmendem Kerbradius flacher [20, 24].

Von besonderem Interesse ist, wie sehr die Übergangstemperatur durch die Kerbgröße beeinflußt wird. Da durch die Veränderung der Kerbschärfe der mehrachsige Spannungszustand verändert wird (vgl. auch A. Kochendörfer und Chr. Rohrbach [21]), ist auch mit einer Beeinflussung des Sprödbruchbereiches zu rechnen, wie das durch etliche Berichte bestätigt wird (vgl. hierzu K. Rühl [4]).

Eine systematische Untersuchung dieser Abhängigkeit erfolgte durch H. Kussmann [22], Th. Varga und B. Marincek [20], T.N. Armstrong und A.P. Gagnebin [24] sowie durch G. Malmberg [13].

H. Kussmann [22] verwendete bei seinen Versuchen die in Tab. 2 aufgeführten Proben, mit denen er für die in Tab. 3 angegebenen Stähle die a_K-ϑ-Kurven aufnahm.

Tab. 2 Von H. Kussmann [22] *verwendete Proben und deren Abmessungen*

Probenbezeichnung	ISO-Spitzkerb	DVMS*	DVM	ISO-Rundkerb	$DVMF_1$	$DVMF_2$
Bruchquerschnitt F in cm²	0,8	0,7	0,7	0,5	0,8	0,6
Kerbtiefe t in mm	2	3	3	5	2	4
Kerbradius ϱ in mm	0,25	0,5	1	1	2	4

Probenaußenmaße 10 mm × 10 mm × 55 mm
* Alte deutsche Spitzkerbprobe.

Tab. 3 Versuchsstähle (nach H. Kussmann [22])

Stahl	Sorte	σ_B kp/mm²	Gehalt in % an C	Si	Mn	P	S	Cu	N
D	St 37	46,1	0,16	0,33	0,47	0,035	0,027	0,04	0,008
H	St 37	48,2	0,13	Spuren	0,59	0,094	0,023	0,07	0,018

Für die Bestimmung der Übergangstemperatur legte er eine Kerbschlagzähigkeit von 1, 2 und 3,5 kpm/cm² zugrunde. Die graphische Auftragung der Prüfergebnisse läßt einen engen und stetigen Zusammenhang zwischen der Übergangstemperatur und dem Kerbradius erkennen, Abb. 15. Die aus der Abb. 15 ersichtliche (relativ geringe) Streuung läßt sich durch die unterschiedlichen Kerbtiefen, Bruchquerschnitte und Seitenverhältnisse der verwendeten Proben erklären. Beachtenswert ist, daß sämtliche Kurven in Abb. 15 annähernd parallel verlaufen, d. h. daß eine unterschiedliche Definition der Übergangstemperatur sowie unterschiedliche Versuchswerkstoffe lediglich eine horizontale Kurvenverschiebung bewirken.

TH. VARGA und B. MARINCEK [20] führten ihre Versuche mit SCHNADT-Proben (vgl. Proben Nr. 11 in Tab. 1a) an den Stählen nach Tab. 4 durch. Bis auf die Kerbradien waren hier alle Abmessungen der Proben gleich; es handelte sich um die Proben:

K_0 mit $\varrho = 0{,}005$ mm, K_{50} mit $\varrho = 1{,}0$ mm,
K_{20} mit $\varrho = 0{,}25$ mm, K_{67} mit $\varrho = 2{,}0$ mm.

Tab. 4 Versuchsstähle (nach TH. VARGA und B. MARINCEK [20])

Stahl	Sorte	Gehalt in % an					
		C	Si	Mn	P	S	N
A	St 42	0,11	0,10	0,92	0,043	0,025	0,009
B	St 52	0,18	0,41	1,32	0,019	0,030	nicht angegeben

Die Auftragung der Übergangstemperatur, für die eine Kerbschlagzähigkeit von 3, 4, 5 und 7 kpm/cm² zugrunde gelegt wurde, in Abhängigkeit vom Kerbradius ergibt für die Stähle A und B die in Abb. 16 dargestellten Kurven. Diese zeigen einen nahezu streuungsfreien Verlauf und weisen wie bei H. KUSSMANN [22] auf einen engen und stetigen Zusammenhang hin. Dieser Umstand hat TH. VARGA [23] bereits in einer früheren Arbeit zur Aufstellung einer diesen Zusammenhang darstellenden Gleichung für den Stahl A veranlaßt:

$$\Delta\varrho = 2{,}3 \cdot 10^{-5} \left(|\vartheta_{\ddot{u}}| + c\right)^{2{,}5} \quad \text{(in mm)};$$

hierbei ergibt sich:

ϱ Kerbradius in mm, wenn
$\vartheta_{\ddot{u}}$ Übergangstemperatur und
c horizontale Verschiebung der Parabel in °C

eingesetzt werden.

Der flache Verlauf der Kurven bei sehr kleinen Kerbradien macht die besondere Formempfindlichkeit in diesem Bereich deutlich. Eindeutig tritt auch der Umstand hervor, daß der Werkstoff den Kurvenverlauf merklich beeinflußt.

T.N. ARMSTRONG und A. P. GAGNEBIN [24] benutzten für ihre Versuche Proben, die bis auf die Größe des Kerbradius ($\varrho = 0{,}23$–$6{,}35$ mm) den Abmessungen der CHARPY-V-Probe entsprachen. Bei den Versuchswerkstoffen handelte es sich um einen Kohlenstoffstahl (C = 0,15%) und einen mit Nickel legierten Stahl (C = 0,15%, Ni = 2%). Die den a_k-ϑ-Kurven entnommenen Übergangstemperaturen für 7 kpm/cm² (40 ft-lb) sind in Abhängigkeit vom Kerbradius in Abb. 19 (Kurven C und Ni) miteingetragen; sie fügen sich gut in das Gesamtbild ein.

Die Untersuchungen von G. MALMBERG [13] mit CHARPY-V-Proben an einem Stahl, der etwa zwischen St 37 und St 42 einzuordnen ist, beschränkten sich auf die Ermittlung des Einflusses, den kleine Änderungen des Kerbhalbmessers auf die a_k-ϑ-Kurve ausüben. Die Kerbradien hatten eine Größe von 0,11; 0,15; 0,22; 0,26 und 0,35 mm und verteilten sich somit um das Sollmaß von 0,25 mm. Diese Versuche bestätigen ebenfalls, daß bei den Spitzkerbproben durch eine geringe Veränderung des Halbmessers die Übergangstemperatur erheblich verschoben wird. Die Vergrößerung des Halbmessers von 0,11 auf 0,35 mm bewirkte bei dem verwendeten Stahl eine Verschiebung der Übergangstemperatur um 16° C. Ein ähnlich starker Einfluß wie auf die Übergangstemperatur war erwartungsgemäß auch auf die Hochlage festzustellen, vgl. Abb. 17 und 18.

Allen hier angeführten Berichten ist gemein, daß sie einen stetigen und einander ähnlichen Zusammenhang zwischen Übergangstemperatur und Kerbradius aufzeigen. Anschaulich wird diese Tatsache nochmals durch die gemeinsame Auftragung aller Prüfergebnisse in einem Diagramm, Abb. 19, dargestellt. Es lag nahe, zu prüfen, welchen Gesetzmäßigkeiten die einzelnen Kurven folgen. In der doppelt-logarithmischen Auftragung der Abb. 20a lassen sich alle in Abb. 19 aufgetragenen Ergebnisse durch Geraden darstellen, die (mit Ausnahme von B) für $\varrho \approx 1$ mm jeweils einen Knick zeigen; das bedeutet, daß fast allen Kurven jeweils zwei Parabelstücke zugrunde liegen. Dadurch, daß in Abb. 20 das Verhalten aller Stähle durch nur drei Kurvenzüge beschrieben werden kann, und jeder dieser Kurvenzüge eine häufiger vorkommende Stahlsorte (St 37, St 42 und St 52) enthält, liegt die Vermutung nahe, daß innerhalb bestimmter Stahlsorten annähernd gleiches Verhalten vorliegt. Eine Bestätigung dieser Annahme hätte durch weitere Untersuchungen zu erfolgen.

Sämtliche Kurven (Abb. 20) lassen sich durch folgende allgemeine Gleichung darstellen:

$$\frac{\varrho}{\varrho_0} = \mathrm{A} \left(\frac{V_{\vartheta ü}}{V_{\vartheta ü 0}}\right)^p ;$$

hierin sind:

ϱ = Kerbradius in mm
ϱ_0 = 1 mm (Bezugswert)
$V_{\vartheta ü}$ = Verminderung der Übergangstemperatur in grd
$V_{\vartheta ü 0}$ = 1 grd (Bezugswert)
A und p = Dimensionslose Werkstoffkonstanten.

Als wesentlichstes Ergebnis ist der Kurvenverlauf in Abb. 20b in dem Bereich von $\varrho > 0$ bis $\varrho = 1$ mm anzusehen. In diesem Bereich, der also die heute in der Praxis üblichen Kerbhalbmesser enthält, verhalten sich alle Stähle annähernd gleich. Der empirische Zusammenhang zwischen Kerbradius und Übergangstemperatur in den Grenzen von $\varrho > 0$ bis 1 mm wird für alle hier besprochenen Stähle durch die Beziehung

$$\frac{\varrho}{\varrho_0} = 1{,}56 \cdot 10^{-3} \left(\frac{V_{\vartheta ü}}{V_{\vartheta ü 0}}\right)^{3/2} \quad \text{bzw.}$$

$$\frac{V_{\vartheta ü 1} - V_{\vartheta ü 2}}{V_{\vartheta ü 0}} = \frac{\vartheta_{ü 1} - \vartheta_{ü 2}}{V_{\vartheta ü 0}} = \frac{\Delta\vartheta_{ü}}{V\vartheta_{ü 0}} = \left(\frac{10^3}{1{,}56}\right)^{2/3} \left[\left(\frac{\varrho_1}{\varrho_0}\right)^{2/3} - \left(\frac{\varrho_2}{\varrho_0}\right)^{2/3}\right]$$

(für $0 < \varrho \leqq 1$ mm)

näherungsweise erfaßt, mit deren Hilfe eine auf unterschiedliche Kerbabmessungen zurückzuführende Übergangstemperaturverminderung bzw. -differenz für Proben mit den Außenmaßen 10 mm × 10 mm × 55 mm einfach und mit ausreichender Genauigkeit berücksichtigt werden kann.

4. Einfluß der Kerbherstellung

Bei der üblichen Kerbherstellung, die durch Bohren, Fräsen, Hobeln, Pressen oder Schleifen erfolgt, können Riefen und Kaltverformungen im Kerbgrund erzeugt werden, die eine Beeinflussung der in Abhängigkeit von der Temperatur zu ermittelnden Kerbschlagzähigkeit erwarten lassen.

Riefen wirken wie sehr scharfe Kerben [7, 25] und werden nach den Feststellungen in Abschnitt 3. in erster Linie die Lage der Übergangstemperatur beeinflussen; es sollte deshalb von vornherein darauf geachtet werden, daß sie im Kerbgrund vermieden oder entfernt werden [26]. Bei den Untersuchungen, die R. MAILÄNDER [11] 1935 zur Normung einer kleinen Kerbschlagprobe durchführte, stellte er unter anderem fest (vgl. Tab. 5), daß Proben mit gefrästem Kerb gegenüber solchen mit gebohrtem bei spröderen Stählen niedrigere Kerbschlagzähigkeitswerte ergaben; er führte diese Tatsache auf die beim Fräsen in Kerblängsrichtung entstehenden kerbverschärfenden Riefen zurück. Da alle in Tab. 5 angegebenen Werte aber bei nur einer Versuchstemperatur ermittelt wurden, ist über die Größe des Einflusses hiermit keine endgültige Aussage möglich.

Tab. 5 Einfluß der Kerbherstellung auf die bei einem Chrom–Nickel–Wolfram-Stahl gefundene Kerbschlagzähigkeit
(nach R. MAILÄNDER; Probe 10 mm × 10 mm × 55 mm, 2 mm tiefer Kerb mit 2 mm Dmr., Versuchstemperatur + 20° C)

Kerbherstellung	Kerbzähigkeit in kpm/cm²					
gefräst	5,2	5,4	5,5	5,5	5,6	im Mittel 5,4
gebohrt*	6,0	6,1	6,4	6,4	7,1	im Mittel 6,4

* Probenhöhe erst nach dem Bohren auf Maß gehobelt.

Eine wesentlich umfangreichere Untersuchung, ebenfalls an Rundkerbproben (CHARPY-U), führten R.W. VANDERBECK, R.W. LINDSAY, H.D. WILDE, W.T. LANKFORD und S.C. SNYDER [27] durch. Angewendet wurden u.a. folgende Kerbherstellungsverfahren:

- Kerb in der Drehbank *ohne* Schmierung gebohrt;
- Kerb normal *mit* Ölschmierung gebohrt;
- Kerb elektrolytisch auf Sollmaß poliert; dadurch kaltverformte Schicht entfernt;
- Kerb erst vorgebohrt und dann auf Maß gebohrt, jeweils mit Schmiermittel;
- Kerb in der Drehbank *mit* Schmierung gebohrt;
- Kerb in der Drehbank *ohne* Schmierung gebohrt, anschließend Gewinde eingeschnitten;
- Kerb mit Ölschmierung gebohrt, jedoch in verschiedenen Laboratorien;
- Kerb gefräst.

Die statistische Auswertung der zahlreichen Versuchsergebnisse ergab, daß das Kerbherstellungsverfahren bei dieser *Rundkerb*probe nur wenig Einfluß auf die Übergangstemperatur – das war in diesem Falle die Temperatur, bei der 50% der Proben spröde brechen – und die Breite des Übergangsbereiches hat und deshalb die bei den einzelnen Fertigungsverfahren übliche Präzision ausreichend ist.
Versuchsergebnisse von N.A. KAHN, E.A. IMBEMBO und F. GINSBERG [28] lassen aber darauf schließen, daß Spitzkerbproben empfindlicher auf die Art der Kerbherstellung ansprechen. Die Versuche wurden an mehreren Stahlsorten mit CHARPY-V-Proben durchgeführt, bei denen der Kerb entweder nur gefräst oder gefräst und mit einem rotierenden Draht (Dmr. rd. 0,5 mm) nachpoliert wurde. Die nach den beiden Verfahren erreichten Schlagarbeiten wurden dann an Hand der Schlagarbeit-Temperatur-Kurven für die verschiedenen Stähle miteinander verglichen, und zwar in der Hochlage, in der Mitte des Steilabfalls und in der Tieflage. Danach unterscheiden sich die Schlagarbeiten

nach Abb. 21b in der Hoch- und Tieflage kaum voneinander, hingegen weichen die Werte im Übergangsgebiet erkennbar voneinander ab, wenn auch von Stahl zu Stahl in unterschiedlichem Ausmaß. Stets erreichen die Proben mit poliertem Kerb die höheren Werte, das bedeutet, wie auch aus der Abb. 21a zu ersehen ist, daß der Steilabfall durch das Polieren zu tieferen Temperaturen hin verschoben wird. Die Verschiebung beträgt je nach Stahl bis zu etwa 25 grd F (entsprechend rd. 14 grd C); dabei ist eine Beziehung zwischen dem Verschiebungsbetrag und der Zähigkeit des Stahles nicht zu erkennen.

Die bisher lediglich auf die Beschaffenheit der Kerboberfläche und ihren Einfluß auf die Versuchsergebnisse ausgerichteten Untersuchungen bedürfen einer Ergänzung, da die bei der Kerbherstellung ebenfalls auftretende Kaltverformung nicht übersehen werden darf. Der Verformungszustand im Kerbgrund und sein Einfluß auf den Steilabfall der Kerbschlagzähigkeit ist Gegenstand einer umfangreichen Arbeit von W. Felix [29].

Zunächst wurde in Anlehnung an ähnliche Untersuchungen der »Niederländischen Vereinigung für Schweißtechnik« [30] versucht, den im Kerbgrund vorhandenen Verformungszustand durch Bestimmung der Mikrohärteverteilung zu kennzeichnen und die gefundenen Härtewerte dann mit der Härte verschieden stark gestauchter, zylindrischer Proben (15 mm Dmr., 20 mm Höhe – Stauchung 5–50%) aus gleichem Material zu vergleichen. Die Untersuchungen wurden an dem mit einem Messer eingepreßten Scharfkerb nach Schnadt [31], der gefrästen Izod-Kerbe und der gebohrten VSM-Kerbe durchgeführt.

Als Versuchsmaterial dienten die folgenden drei Stahlsorten:

C 5 : Kohlenstoffstahl mit 0,05% C
A : CrCu-legierter Baustahl St 52 mit 0,20% C;
18/8: Austenitischer Cr-Ni-Stahl 18/8.

In den Abb. 22 und 23 sind die Versuchsergebnisse über die Verformung in der Nähe des Kerbgrundes zusammengestellt. Es ist zu erkennen, daß bei *allen* Kerbherstellungsverfahren ein beträchtlicher Härteanstieg in unmittelbarer Nähe des Kerbgrundes vorhanden ist, der in fast allen Fällen einer Stauchverformung von rd. 50% und mehr entspricht. Die Verformungstiefe ist jedoch bei den einzelnen Verfahren sehr verschieden und wird außerdem vom Werkzeug und vom Werkstoff mitbestimmt. Die größte Verformungstiefe tritt erwartungsgemäß bei den eingepreßten Kerben auf; sie erreicht durch das Eindrücken eines Messers (Schneidenradius $\varrho \leqq 0{,}01$ mm) um 0,3 mm durchschnittlich 0,2 mm. Wie aus Abb. 22 zu ersehen ist, macht sich die Abnutzung des Messers nach Eindrücken von 15 Kerben bereits durch eine Härtesteigerung und Vergrößerung der Verformungstiefe bemerkbar. – Bei gebohrten Kerben beträgt die Verformungstiefe rd. 0,05–0,2 mm, bei gefrästen dagegen nur bis zu rd. 0,05 mm bei dann auch geringerem Härteanstieg (Abb. 23).

Der Einfluß der Verformung auf die Übergangstemperatur ist aus den Abb. 24a und 24b zu ersehen. Bei Stahl C 5, bei dem der Verformungszustand im Kerbgrund innerhalb der geprüften Serie nur geringe Unterschiede aufweist, fallen die zum a_k-ϑ-Zusammenhang aufgetragenen Ergebnisse der Proben Nr. 1–5 und 16–20 zusammen. Dagegen zeigt Stahl A im Bereich des Steilabfalls eine deutliche Abhängigkeit im Verlauf a_k-ϑ von der Kerbbeschaffenheit. Dabei ist interessant, daß die Kurve für die Proben Nr. 2 bis 6 trotz des schärferen Kerbes (neues Messer) steiler verläuft als die der Proben Nr. 16–20, bei denen der Kerb infolge der Abnutzung des Messers bereits weniger scharf ist. Offenbar übt die bei abgenutztem Messer stärkere Verformung des Kerbgrundes einen größeren Einfluß auf das Bruchverhalten aus als die etwas geringere Kerbschärfe. Dieses Ergebnis wird durch Ergänzungsversuche, bei denen die Messer einen Schneidenradius von 0,05 und 0,1 mm hatten, bestätigt; vgl. Abb. 24b.

Schließlich wurde bei Stahl A der Einfluß, den die Verformung im Bereich des Kerbgrundes auf den Steilabfall ausübt, an Proben untersucht, die nach dem Einpressen des Kerbes geeignet nachbehandelt worden waren. Die Ergebnisse dieser Versuche sind in Abb. 25 wiedergegeben. Es zeigt sich, daß bei gleicher Kerbschärfe der Steilabfall der spannungsfrei geglühten Proben bei einer tieferen Temperatur erfolgt als bei den nicht nachbehandelten, und daß eine Alterung des verformten Kerbgrundes den Übergangsbereich beträchtlich zu höheren Temperaturen hin verschieben kann. Es ist anzunehmen, daß in dieser Hinsicht Proben mit gefrästen und gebohrten Kerben gleiche Tendenz aufweisen werden.

Auf Grund der angeführten Arbeiten läßt sich abschließend sagen, daß sowohl der Oberflächenzustand der Kerben als auch die im Kerbgrund bei den einzelnen Herstellungsverfahren auftretenden Kaltverformungen die Kerbschlagzähigkeit im Steilabfallgebiet beeinflussen. Während der Einfluß bei Rundkerbproben (Kerbdurchmesser $\geqq$ 2 mm) vernachlässigbar klein ist, können bei Spitzkerbproben (Kerbdurchmesser $\leqq$ 0,5 mm) relativ große Verschiebungen des Übergangstemperaturbereiches die Folge sein.

5. Einfluß der Probenbreite

Es ist häufig nicht möglich, bei dünnen Blechen oder kleinen Prüfteilen die heute gebräuchlichen Probenformen (rd. 10 mm × 10 mm × 55 mm), für deren Ergebnisse ein großes Maß an Erfahrung vorliegt, und auf die gewährleistete Kerbschlagzähigkeitswerte in der Regel bezogen sind, zu verwenden. Somit ist es von besonderem Interesse, zu wissen, wie die charakteristischen Werte der a_K-ϑ-Kurve durch die Veränderung der Probenbreite einer Standardprobe allgemein beeinflußt werden. Überlagert wird der Einfluß der Probenbreite durch den Einfluß, den die Bruchquerschnittsgröße auf die Kerbschlagzähigkeit ausübt, vgl. hierzu Abschnitt 7.

Daß durch die Veränderung der Probenbreite die Ergebnisse der Kerbschlagzähigkeitsprüfung beeinflußt werden, wurde frühzeitig erkannt und vielfach untersucht. Trotzdem ist es an Hand der älteren Arbeiten nicht möglich, eine allgemeingültige Aussage zu machen. So untersuchte Ehrensberger [1] mit den in Tab. 6 aufgeführten Proben die ebenfalls in Tab. 6 enthaltenen Werkstoffe und fand dabei regelmäßig, daß die Kerbschlagzähigkeit in der Hochlage mit abnehmender Probenbreite zunimmt.

Tab. 6 Abhängigkeit der Kerbschlagzähigkeit (in kpm/cm²) *von der Probenbreite bei verschiedenen Kerbradien und verschiedenen Stählen*
Gleichbleibende Probenmaße: Länge = 160 mm, Höhe = 30 mm und Kerbtiefe = 15 mm (nach Ehrensberger [1])

Kerbform	a_K bei Probenbreite 10 mm	20 mm	30 mm	Stahl	Zugfestigkeit σ_B kp/mm²	Bruchdehnung δ_{10} %	Brucheinschnürung ψ %
Rundkerb 4 mm Dmr.	38,2	37,5	33,6	Flußeisen	40	31,5	65/66
	25,8	21,2	17,4	C-Stahl	52,5	25,5	64/65
	49,7	45,5	41,0	Ni-Stahl	58,7	26,6	72
	36,8	29,1	26,2	Ni-Cr-Stahl	84,5	15	67
Spitzkerb (45°)	41,1	17,9	9,1	Flußeisen	40	31,5	65/66
	11,4	6,3	4,9	C-Stahl	52,5	25,5	64/65
	44,0	40,6	32,6	Ni-Stahl	58,7	26,6	72
	26,1	19,7	17,9	Ni-Cr-Stahl	84,5	15	67

R. Baumann [32], M. Moser [16], R. Mailänder [33] und andere erzielten Ergebnisse, bei denen als Ausgangsprobe fast immer die große Charpy-Probe gewählt wurde, und aus denen hervorging, daß die Kerbschlagzähigkeit in der Hochlage nicht beeinflußt wird oder mit abnehmender Probenbreite sogar abfällt; aus einigen Kurven läßt sich unter Umständen sogar entnehmen, daß die Kerbschlagzähigkeit bei quadratischem Bruchquerschnitt einen Höchstwert erreicht, vgl. Abb. 26. Wie bereits erwähnt, ist die Aussagekraft dieser Berichte beschränkt, weil meist nur bei einer Temperatur geprüft wurde. Eindeutig geht aber aus den Berichten hervor, daß das Steilabfallgebiet mit abnehmender Probenbreite zu tieferen Temperaturen verschoben wird, vgl. Abb. 27. Dieses Ergebnis ist durch den Abbau der Querspannungen (in Breitenrichtung) bedingt [4, 32, 34].

Über die interessierenden Punkte, nämlich wie stark durch die Probenbreite

a) die Klassifizierung der Stähle nach der Übergangstemperatur,
b) die Verschiebung der Übergangstemperatur selbst und
c) die Steilheit des Übergangsgebietes sowie die Hochlage der Kerbschlagzähigkeit

beeinflußt werden, geben die jüngeren Arbeiten besser Aufschluß, da in ihnen als Versuchsergebnisse meist die a_K-ϑ-Kurven angegeben wurden.

Nach W. Rädeker [35] werden Stähle (allgemeine Baustähle nach Tab. 7) auch mit schmaleren Proben annähernd in gleicher Reihenfolge wie mit den normalen ISO-Spitzkerb- und DVM-Proben klassifiziert. Bei Berücksichtigung der möglichen Streuung der Übergangstemperatur innerhalb eines Bleches (vgl. K. Rühl, W. Schönherr und K. Teske [36]) lassen auch die Versuchsergebnisse von Chr. Strassburger und D. Schauwinhold [37] an allgemeinen Baustählen ein gleiches Ergebnis erkennen.

Die Übergangstemperatur fällt, wie die Abb. 28 und 29 zeigen, bei allen Probenformen und den angeführten Werkstoffen mit abnehmender Probenbreite ab. Diese Temperaturdifferenz ist jedoch so unregelmäßig, daß ein allgemeingültiger, gesetzmäßiger Zusammenhang zwischen Probenbreite und Übergangstemperatur nicht angegeben werden kann. Auf den Betrag, um den sich die Übergangstemperatur verschiebt, hat offensichtlich auch der Werkstoff einen Einfluß, vgl. Tab. 7; ob hinsichtlich dieses Einflusses eine Aufteilung in einzelne Stahlgruppen möglich ist, muß durch weitere Versuche geklärt werden.

Um einen Anhalt über die Größe der Übergangstemperatur-Verschiebung zu erhalten, könnten mit großem Streubereich behaftete Mittelwerte gebildet werden. Diese Mittelwerte gelten dann für mehrere Stahlsorten und geben jeweils die Differenz zwischen der Übergangstemperatur der schmalen Probe und der der Normalprobe an, vgl. Abb. 29.

Über einen Einfluß der Kerbschärfe auf die Temperaturdifferenz, wie er von Chr. Strassburger und D. Schauwinhold [37] sowie von R. S. Zeno und J. L. Dolby [38] ermittelt wurde – der Einfluß ist um so geringer, je schärfer der Kerb – geht aus der Arbeit von W. Rädeker [35] nichts Eindeutiges hervor; vgl. Tab. 7 und Abb. 28.

Die Steilheit des Übergangsgebietes $Y = \Delta a_K / \Delta \vartheta$ der a_K-ϑ-Kurven wird nach W. Rädeker [35] durch die Probenbreite beeinflußt, jedoch von Stahl zu Stahl in unterschiedlichem Maße, vgl. Abb. 30. Der Übergang verläuft um so flacher, je schmaler die Proben werden; jedoch wird auch mit ganz schmalen Proben ($\leqq$ 2 mm) noch ein ausgeprägter Steilabfall gefunden [39, 40], vgl. Abb. 36. Keine oder nur eine unwesentliche Änderung der Kurvenneigungt ritt bei Stahl St 52-3 auf, dessen Übergangskurve an sich schon recht flach verläuft. – In der Hochlage erreicht die Kerbschlagzähigkeit nach W. Rädeker [35] und W. Schmidt [41] bei einem Seitenverhältnis des *Bruch*querschnitts von $B/h = 1$ offenbar ein Maximum. Während bei einem Verhältnis $B/h > 1$ (B bis 10 mm, DVM- und ISO-Proben) die Kerbschlagzähigkeit nur wenig verändert wird, nimmt sie bei einem Verhältnis $B/b < 1$ schnell ab, vgl. Abb. 31 und 32. Auf den Stahl St 52-3, der von den untersuchten Stählen die niedrigsten a_K-Werte in der Hochlage hat, übt auch in diesem Fall die Probenbreite den geringsten Einfluß aus (Abb. 31). Die Tendenz der Prüfergebnisse ist sowohl bei den DVM- als auch bei den ISO-Spitzkerbproben die gleiche.

Wenn Chr. Strassburger und D. Schauwinhold [37] darauf hinweisen, daß bei ihren Versuchen mit der DVMF-Probe an einem künstlich gealterten St 52-3 die Kerbschlagzähigkeit mit abnehmender Probenbreite zunimmt, so läßt eine nähere Betrachtung der Abb. 33 erkennen, daß die Proben, deren *Bruch*querschnitt der quadratischen Form am nächsten kommt, die höchsten Kerbschlagzähigkeitswerte ergeben. Hierin ist somit kein Widerspruch zu sehen; es ist vielmehr ein durchaus mit Abb. 31 (St 52-3 gealtert) übereinstimmendes Ergebnis erzielt worden.

Der Einfluß, den die Probenbreite auf die Kerbschlagzähigkeit ausübt, läßt sich nach dem Vorstehenden schematisch so darstellen, wie es in Abb. 34a–c gezeigt wird.

Da gesetzmäßige Beziehungen zwischen den Ergebnissen verschieden breiter Proben nicht bekannt sind (vgl. [42]), erhebt sich nun die Frage, wie vergleichbare Prüfergebnisse erzielt werden können. Hierfür wären folgende Möglichkeiten denkbar:

1. Bei gleicher Prüftemperatur werden für die schmalen Proben höhere oder niedrigere Kerbschlagzähigkeitswerte verlangt.
2. Es werden gleiche Kerbschlagzähigkeitswerte verlangt und dafür die Prüftemperatur erniedrigt.
3. Es werden für die schmalen Proben sowohl die Prüftemperatur als auch die zu gewährleistenden Kerbschlagzähigkeitswerte neu festgelegt.

An Hand von Versuchen stellten Chr. Strassburger und D. Schauwinhold [37] zu Punkt 1 Überlegungen an. Sie gingen davon aus, daß bei Verringerung der Probenbreite die a_K-ϑ-Kurven parallel zu tieferen Temperaturen hin verschoben werden, vgl. Abb. 35. Sie setzten weiterhin voraus, daß die Prüfung im Übergangsgebiet erfolgt und die Kerbschlagzähigkeit der schmalen Proben deshalb in einem begrenzten Bereich dieses Gebietes stets um einen konstanten Betrag höher als die der Normalproben ist. Wie den folgenden Ausführungen zu entnehmen sein wird, lassen sich aus diesen Überlegungen nicht für alle Stähle Nutzanwendungen ziehen.

Sofern für Stähle Vorschriften für die Sprödbruchprüfung bestehen, verlangen sie in der Regel, daß mehrere Kerbschlagproben bei einer bestimmten Temperatur zu schlagen sind, wobei jeder Einzelwert eine Mindest-Kerbschlagzähigkeit nicht unterschreiten darf. Das besagt, daß die Prüfung oberhalb einer definierten Übergangstemperatur bzw. nach Verlassen der Tieflage erfolgen soll. Da die Prüftemperatur aber wesentlich oberhalb der Übergangstemperatur liegen kann, wie Untersuchungen von K. Rühl, W. Schönherr und K. Teske [36] an allgemeinen Baustählen nach DIN 17100 ergaben, ist nicht mit Sicherheit festzustellen, in welchem Bereich der a_K-ϑ-Kurve die Prüfung erfolgt. Wie der Abb. 34 zu entnehmen ist, können also die mit schmalen Kerbschlagproben ermittelten Kerbschlagzähigkeitswerte größer oder auch kleiner als die mit Normalproben gefundenen sein. Es ist weiter zu beachten, daß der Betrag, um den der zu gewährleistende Mindestwert verändert werden müßte, sich in weiten Grenzen ändern kann, denn außer von der Verschiebung des Übergangsgebietes hängt er von der Steilheit der a_K-ϑ-Kurve und damit von der Stahlsorte [37] ab.

Während so für Stähle mit steilem Übergangsgebiet keine Vergleichsmöglichkeit zu erkennen ist (vgl. Abb. 34b), scheint eine beschränkte Anwendungsmöglichkeit für jene Stähle zu bestehen, deren Übergang von der Tief- zur Hochlage sich über einen großen Temperaturbereich erstreckt und bei denen man mit Sicherheit erwarten kann, daß die

Tab. 7 Zusammenstellung der an verschiedenen Stählen mit unterschiedlich breiten Proben ermittelten Übergangstemperaturen und der zu den Normalproben (DVM-, ISO-Spitzkerb- und ISO-Rundkerbproben) entstehenden Temperaturunterschiede*
(nach W. RÄDEKER [35] sowie R. S. ZENO und J. L. DOLBY [38])

Probenbreite	Probenform	St 52-3 N[1])		MR St 37 N		St 52-3 G[2])		TU St 37 N		MR St 37 G		TU St 37 G		Mittelwerte der Temperaturunterschiede	SAE 1020
		Temperatur in °C													$\Delta\vartheta_{ü}$ [3]) °C
mm		$\vartheta_{ü}$	$\Delta\vartheta_{ü}$	$\vartheta_{ü}$	$\Delta\vartheta_{ü}$	$\vartheta_{ü}$	$\Delta\vartheta_{ü}$	$\vartheta_{ü}$	$\Delta\vartheta_{ü}$	$\vartheta_{ü}$	$\Delta\vartheta_{ü}$	$\vartheta_{ü}$	$\Delta\vartheta_{ü}$	$\Delta\vartheta_{ü\,Mittel}$	
10	DVM	−110	0	− 53	0	− 40	0	− 8	0	+ 10	0	+ 67	0	0	0[4])
	ISO-V	− 55	0	− 18	0	+ 10	0	+ 7	0	+ 21	0	+101	0	0	0
7,5	DVM	−112	2	− 52	−1	− 64	24	− 18	10	− 11	21	+ 51	16	12 ± 8	–
	ISO-V	− 60	5	− 37	19	− 26	36	+ 5	2	+ 6	15	+ 68	33	18 ± 11	–
5	DVM	−143	33	− 56	3	− 75	35	− 54	46	− 33	43	+ 25	42	34 ± 10	8[4])
	ISO-V	− 82	27	− 45	27	− 45	55	− 3	10	+ 10	11	+ 55	46	29 ± 14	11
2,5	DVM	−160	50	−100	47	−138	98	− 78	70	− 30	40	− 18	85	65 ± 19	71[4])
	ISO-V	−118	63	− 57	39	− 60	70	− 37	44	− 23	44	+ 15	86	58 ± 15	30

[1]) N = normalisiert. – [2]) G = gealtert. – [3]) Mittelwerte nach ZENO und DOLBY [38]. – [4]) Angaben beziehen sich auf ISO-Rundkerbproben.
* Die Übergangstemperatur wird von W. RÄDEKER auf $a_k = 3{,}5$ kpm/cm² und von R. S. ZENO und J. L. DOLBY auf $1/2 \cdot A_{Hochlage}$ bezogen.

Prüftemperatur allgemein innerhalb des Übergangsbereiches und dabei besonders zwischen den Temperaturen ϑ_1 und ϑ_2, wie in Abb. 34a eingezeichnet, liegt. Einige Anwendungen der unter 1. aufgeführten Möglichkeit sind bereits in amerikanischen Normen und Normentwürfen für Stähle, die bei tiefen Temperaturen verwendet werden, enthalten. Die Tab. 8 gibt wiederholt vorkommende Vorschriften wieder [44].

Tab. 8 Vorschriften für die in den ASTM-Standards mit genormten 10 mm *breiten und schmaleren* CHARPY-*Rundkerbproben* [42, 43] *an einigen Stahlsorten* [44] *zu erzielenden Kerbschlagarbeiten*
Die Prüftemperatur bleibt je nach Werkstoff für alle Proben konstant

Probenbreite B mm	Mindestkerbschlagarbeit für Mittel aus 3 Proben ft-lb	Mindestkerbschlagarbeit für Einzelprobe ft-lb	Mindestkerbschlagzähigkeit* für Mittel aus 3 Proben kpm/cm²	Mindestkerbschlagzähigkeit* für Einzelprobe kpm/cm²
10	15	10	rd. 4,15	rd. 2,75
7,5	12,5	8,5	rd. 4,60	rd. 3,15
5,0	10	7	rd. 5,50	rd. 3,85
2,5	5	3,5	rd. 5,50	rd. 3,85

* Daraus umgerechnete Werte.

Es mag zweckmäßiger erscheinen, auch bei geringerer Probenbreite die für die Normalprobe angegebenen Mindestwerte beizubehalten und die Prüftemperatur entsprechend zu senken (Punkt 2). Dem steht entgegen, daß die Temperaturverschiebungen sehr unterschiedlich sind und ausreichende Versuchsunterlagen noch nicht vorliegen. Von der versuchstechnischen Seite her ist einzuwenden, daß besonders bei sehr schmalen Proben, vgl. Tab. 7, die Prüfungen unter Umständen bei Temperaturen unterhalb — 70° C durchzuführen wären. Die Folge hiervon ist eine umständlichere und teurere Versuchsdurchführung, denn statt Trockeneis mit Spiritus muß z. B. flüssiger Stickstoff mit Petroläther zur Kühlung verwendet werden.
Hinsichtlich Prüftemperatur und zu gewährleistender Kerbschlagzähigkeitswerte werden bei Verwendung schmaler Kerbschlagproben sicher vielfach gänzlich neue Vorschriften erarbeitet werden müssen (Punkt 3). Das Bemühen muß, insbesondere bei sehr schmalen Proben, dahingehen, die Übergangstemperatur weitmöglichst anzuheben. Als wirksamste Maßnahmen sind bekanntlich eine Kerbverschärfung und eine Alterungsbehandlung anzusehen. Der Kerbverschärfung ist durch die mit einfachen Mitteln erreichbare Herstellungsgenauigkeit eine natürliche Grenze gesetzt. Eine künstliche Alterung allein würde vermutlich in den meisten Fällen genügen, die Übergangstemperatur soweit anzuheben, daß die Prüfung oberhalb von — 70° C erfolgen kann.
Es sei in diesem Zusammenhang in Übereinstimmung mit W. SCHÖNHERR [39] auf die angeführte Arbeit von W. RÄDEKER [35] verwiesen; aus ihr ist eine auffällige Übereinstimmung der auf 3,5 kpm/cm² bezogenen Übergangstemperaturen ersichtlich, die einerseits mit 10 mm breiten ISO-Spitzkerbproben an normalisiertem Werkstoff und andererseits mit 2,5 mm breiten ISO-Spitzkerbproben an gealtertem Werkstoff ermittelt wurden.
Abschließend soll noch auf die Kerbschlagbiegeprüfung mit sehr schmalen Proben eingegangen werden. Es ist zu erwarten, daß die Proben von einer bestimmten Breite an ausknicken werden. Ferner ist mit abnehmender Probenbreite die dann kleiner werdende verbrauchte Schlagarbeit immer unsicherer zu ermitteln. Nach einem Bericht von

W. SCHÖNHERR [39] lassen sich nur 2 mm breite Proben noch einwandfrei auf einem 30 kpm-Pendelschlagwerk im 15 kpm-Bereich schlagen; es besteht jedoch auch die Möglichkeit, vgl. S.V. ARNOLD [45] und U. DRAUGELATES [40], schmale Proben gleicher Dicke durch Nieten [45] oder Kleben [40] zu einer Lamellen- oder Schichtprobe zusammensetzen. Die mit den Schichtproben erhaltenen a_K-ϑ-Kurven (a_K = Schlagarbeit/Metallquerschnitt) geben das Verhalten der *einzelnen* Lamelle wieder. Ein Einfluß der Breite der Schichtprobe und des Klebstoffs (bzw. der Niete) auf die Kerbschlagzähigkeit besteht nicht. Auf diese Weise lassen sich mit genügender Genauigkeit Proben beliebiger Breite auf nur einem Pendelschlagwerk prüfen. Es läßt sich so ebenfalls relativ leicht nachweisen, daß auch bei der Prüfung von sehr schmalen Proben (etwa $B \leqq 2$ mm) noch ein ausgeprägter Steilabfall auftritt, vgl. Abb. 36. Den nach Abb. 36 abweichenden Kurvenverlauf der 10-Lamellenprobe erklärt U. DRAUGELATES [40] an Hand von Gefügebildern mit dem geänderten Abwalzgrad des Bleches, durch Eigenspannungen und Alterungserscheinungen.

6. Einfluß der Probenlänge

Während P. BARDTKE und A. MATTING [19] (vgl. GMELINS Handbuch der anorganischen Chemie [7]) keinen Einfluß der Probenlänge auf die Kerbschlagzähigkeit feststellen konnten, steigt nach L. RÉVILLON [46] und E.H. DIX Jr. [47] die spezifische Schlagarbeit mit zunehmender Probenlänge etwas an. Die Zunahme wird von F. FETTWEIS [6] auf die größere kinetische Energie der fortgeschleuderten Probenhälften zurückgeführt.

Aus Überlegungen von F. UEBEL [48] über die auf die gebrochene Probe übertragene kinetische Energie läßt sich der Einfluß der Probenlänge auf die Kerbschlagzähigkeit nachweisen. F. UEBEL [48] hält bezüglich der auf die Probe übertragenen Geschwindigkeit zwei die tatsächlichen Verhältnisse vermutlich eingrenzende Annahmen für sinnvoll:

1. Die Probenhälften erhalten im Sinne einer translatorischen Bewegung die Geschwindigkeit, die der Hammer im Augenblick nach dem Probenbruch hat (Steiggeschwindigkeit);
2. die Probenhälften erhalten im Sinne einer rotatorischen Bewegung um den Auflagerpunkt eine Winkelgeschwindigkeit, die sich aus der Geschwindigkeit des Hammers im Augenblick nach dem Probenbruch und den geometrischen Auflagerbedingungen ergibt (Abb. 37).

Die erste Annahme führt zu

$$A_{v1} = \frac{m v_2^2}{2}. \tag{1}$$

Hierin bedeutet:

A_{v1} = kinetische Energie der fortgeschleuderten Probenfragmente
m = Masse der gesamten Probe
v_2 = Steiggeschwindigkeit des Hammers nach dem Schlag

Bei Verwendung dieser Methode dürften vermutlich zu hohe Werte errechnet werden. – Bei einer Drehung der gebrochenen Probenhälften um den Auflagerpunkt A ergibt sich im Augenblick nach dem Schlag die Winkelgeschwindigkeit

$$\omega_2 = \frac{2 v_2}{L_S}.$$

Das Wandern des Auflagerpunktes A infolge der Durchbiegung der Probe vor dem Bruch wird hier vernachlässigt. Die kinetische Energie einer Probenhälfte ergibt sich dann zu

$$\frac{1}{2} A_{v2} = J_A \frac{\omega_2^2}{2}$$

und damit die Verlustarbeit beider Probenhälften zu

$$A_{v2} = J_A \frac{4 v_2^2}{L_S^2}, \tag{2}$$

worin J_A das Massenträgheitsmoment einer Probenhälfte, bezogen auf die Drehachse durch den Auflagerpunkt A ist.

An Hand der Gleichungen (1) und (2) wurde zur Veranschaulichung in Abb. 38 die Abhängigkeit der von verschieden langen Stahlproben (Probenlänge $L = 55$; 82,5 und 110 mm, Probenquerschnitt 10 mm × 10 mm, Auflagerabstand 40 mm) aufgenommenen kinetischen Energie von der Hammergeschwindigkeit v_2 dargestellt.

Zusammenfassend kann gesagt werden, vgl. Abb. 38, daß die für die Bewegung der Probe erforderliche Energie zwar erheblich mit der Probenlänge zunimmt, die absoluten Beträge aber so klein sind, daß lediglich die im allgemeinen wenig interessierenden Kerbschlagzähigkeitswerte in der Tieflage (a_K sehr klein und v_2 groß) mit einem nennenswerten Fehler behaftet sind.

7. Einfluß des Probenquerschnitts

Obwohl bei den vielfältigen Arbeiten über den Einfluß veränderter Probenabmessungen auf die a_K-ϑ-Kurve die Änderung des Probenquerschnitts oft zwangsläufig miteingeschlossen war, wurde der reine Einfluß des Querschnitts selbst bisher wenig untersucht.

In die Vereinbarungen über Kerbschlagproben, die der »Internationale Verband für die Materialprüfungen der Technik« (Kopenhagen 1909) traf, wurde auch eine kleine Probe aufgenommen, die, einschließlich der Auflagerentfernung, der großen CHARPY-Probe (vgl. Tab. 1a) bzw. der alten deutschen Probe im Verhältnis 1:3 geometrisch ähnlich sein sollte. Die verhältnisgleichen Abmessungen der beiden Proben sollten die Vergleichbarkeit der damit ermittelten Kerbschlagzähigkeitswerte (kpm/cm²) ermöglichen. Da nun aber vermutet wurde, daß sich die Schlagarbeiten mit der 3. Potenz der Abmessungsverhältnisse der Proben, also mit einem kennzeichnenden Volumen ändern, die Schlagarbeit aber nach der – bis heute gültigen – Vereinbarung auf den sich mit der 2. Potenz der Abmessungen ändernden Probenquerschnitt bezogen wird, nahm STRIBECK [3] diesen Widerspruch zum Anlaß für umfangreiche Versuche.

Für die an Kohlenstoffstahl, Nickel- und Chromnickelstahl durchgeführten Untersuchungen verwendete er Proben, die in allen Abmessungen verhältnisgleich waren. Es stellte sich heraus, daß bei der großen Probe stets die auf den Bruch*querschnitt* bezogene Schlagarbeit *größer* und die auf das Proben*volumen* bezogene *kleiner* war als bei der kleinen Probe; einige Ergebnisse sind in Tab. 9 enthalten.

Da sich somit die Schlagarbeiten stärker als nach der 2., aber weniger intensiv als nach der 3. Potenz der Abmessungsverhältnisse der Proben ändern, schloß STRIBECK [3], daß weder die Empfehlung des o. a. Verbandes noch der Bezug auf ein kennzeichnendes Probenvolumen für den Vergleich der Kerbschlagarbeiten verschieden großer Proben generell gültig sind.

Aus den Einzelversuchen und aus der um die letzte Spalte erweiterten Tab. 9 von F. FETTWEIS [6] wird zusätzlich ersichtlich, daß der Werkstoff einen deutlichen Einfluß auf die Ergebnisse ausübt, und zwar nimmt das Verhältnis der Schlagarbeiten für die verschiedenen Querschnittsgrößen mit zunehmender Zähigkeit zu.

Tab. 9 *Einfluß der Querschnittsabmessungen auf das Verhältnis der Schlagarbeiten geometrisch ähnlicher Proben bei sehnigem Bruch*
nach F. FETTWEIS [6])

Bearbeiter	Werkstoff	a_K für Probe mit Querschnitt 30 mm × 30 mm kpm/cm²	Verhältnis der Proben-querschnitte $(l_2/l_1)^2$	Proben-volumen $(l_2/l_1)^3$	Schlag-arbeiten A_2/A_1	n*
STRIBECK	Cr-Ni-Stahl	29,9	9	27	18,7	2,67
STRIBECK	Cr-Ni-Stahl	25,2	9	27	18,0	2,63
MAILÄNDER	Cr-Ni-Stahl	19,9	9	27	13,4**	2,36
MAILÄNDER	Cr-Ni-Stahl	19,9	4	8	6,3**	2,65
MAILÄNDER	Cr-Ni-Stahl	19,9	2,25	3,38	2,5**	2,26
MAILÄNDER	Cr-Ni-Stahl	19,9	2,25	3,38	2,6**	2,36
MAILÄNDER	Cr-Ni-Stahl	19,2	9	27	13,2**	2,35
CORNU–THÉNARD	Cr-Ni-Stahl	11,7	9	27	16,6	2,56
CORNU–THÉNARD	Flußstahl	41,4	9	27	21,8	2,80
MAILÄNDER	C-Stahl (200° C)	12,0	9	27	10,4**	2,13
MAILÄNDER	C-Stahl (200° C)	12,0	4	8	5,2**	2,38
MAILÄNDER	C-Stahl (200° C)	12,0	4	8	6,3**	2,65
CORNU–THÉNARD	Austenitstahl	24,9	9	27	19,0	2,68
CHARPY, CORNU–THÉNARD	Kupfer	12,14	9	27	22	2,81
CORNU–THÉNARD	Kupfer	6,1	9	27	19,2	2,69
SAUERWALD–WIELAND	Messing	16,4	9	27	18,3***	2,65
SAUERWALD–WIELAND	Messing	15,9	9	27	17,7***	2,61

* n aus $(l_2/l_1)^n = A_2/A_1$, wobei l_2/l_1 das Verhältnis der Probenabmessungen (1,5; 2; 3) und A_2/A_1 das Verhältnis der Schlagarbeiten [kpm] bedeuten.
** Auflagerentfernung konstant.
*** 1,2 mm Kerbdurchmesser statt 1,33.

Nach M. MOSER [49] ist es nicht gerechtfertigt, auch den Kerbradius proportional zu verkleinern, da dadurch der Spannungszustand geändert wird; es soll vielmehr richtiger sein, den Kerbradius auch bei verschiedenen Querschnitten konstant zu halten. Aus seinen in Abhängigkeit vom Kerbradius ermittelten »Größtarbeitsraumlinien« [16] bestimmte er deshalb einen sogenannten »Verspanungskoeffizienten« und reduzierte mit diesem die von R. STRIBECK [3] mit großen Proben (6 mm Kerbdurchmesser) erzielten Kerbschlagzähigkeitswerte auf entsprechende Proben mit 2 mm Kerbdurchmesser. Die so errechneten Zähigkeitswerte decken sich fast völlig mit denen von kleinen Proben.
Ergänzend führte er weitere Versuche an Kohlenstoffstahl (0,3% C) durch. Die dabei verwendeten Proben, deren Kerbquerschnitt sich bei gleichbleibendem Seitenverhältnis stufenweise von 10 mm × 10 mm bis 30 mm × 30 mm änderte, hatten jedoch alle denselben Kerb (4 mm Durchmesser, 6 mm Tiefe) und wurden bei gleicher Auflagerent-

fernung mit gleicher Hammergeschwindigkeit geschlagen. Auch bei diesen Versuchen ergab sich *keine* Abhängigkeit der Kerbschlagzähigkeit von der Bruchquerschnittsgröße.

R. MAILÄNDER [17], der die Umrechnung der STRIBECKschen Werte durch M. MOSER [49] wegen Nichtbeachtung der Bruchart anzweifelte, führte weitere Versuche mit Proben unterschiedlichen Querschnitts durch und widmete auf Grund der Arbeiten von R. STRIBECK [3] und M. MOSER [49] dabei den Kerbabmessungen zusätzlich besondere Beachtung. Die Querschnittsabmessungen und die Kerbdurchmesser der verwendeten Proben lassen sich der Tab. 10 entnehmen. Während die Kerbtiefe sich proportional mit den Querschnittsabmessungen änderte (stets halbe Probenhöhe), blieben Auflagerentfernung (120 mm), Probenlänge (160 mm) und Schlaggeschwindigkeit jeweils konstant.

Aus den Versuchsergebnissen, die teilweise durch die Tab. 10 und die dazugehörige Abb. 39 wiedergegeben werden, schloß R. MAILÄNDER [17], sehnigen Bruch voraussetzend, folgendes:

1. Sind die Abmessungen des Kerbes den Querschnittsabmessungen proportional, so wächst, wie bekannt, die Kerbschlagzähigkeit [kpm/cm²] mit zunehmender Größe der Proben, und zwar im allgemeinen um so mehr, je zäher das Material ist.

Tab. 10 Einfluß des Kerbdurchmessers auf die Kerbschlagzähigkeit (sehniger Bruch) bei unterschiedlichem Probenquerschnitt
(nach R. MAILÄNDER [17])

Kerbdurchmesser mm	Kerbschlagzähigkeit [kpm/cm²] für Proben mit einem Querschnitt (ungekerbt) von				
	30 mm × 30 mm	25 mm × 25 mm	20 mm × 20 mm	15 mm × 15 mm	10 mm × 10 mm
	Chrom-Nickel-Stahl, Prüftemperatur: + 95° C				
(0,2)	13,0	–	10,4	9,4	9,8
0,5	15,6	–	12,0	11,3	10,7
2	16,1	–	15,0	12,7	14,3
4	19,9	–	19,1	17,5	15,4
6	21,3	–	19,6	17,7	18,5
10	26,5	–	22,7	21,4	20,8
	Kohlenstoffstahl, Prüftemperatur: + 200° C				
(0,2)	6,9	7,2	8,4	7,9	8,8
0,5	7,2	8,3	8,9	7,6	9,4
2	9,1	10,7	9,0	9,2	10,2
4	12,0	10,3	13,5	10,2	11,5
6	11,8	12,6	13,8	10,5	12,1
10	12,0	11,6	12,8	10,8	12,8
	Flußstahl, Prüftemperatur: + 200° C				
0,5	18,7	14,2	13,7	12,7	13,7
2	22,8	16,5	15,0	15,4	* 15
4	24,3	18,0	18,8	* 16	* 16
6	26,1	21,3	* 21	* 19	* 16
10	31,9	24,7	* 23	* 19	* 16

* Proben zwischen den Auflagern durchgezogen, nicht völlig gebrochen.

2. Sind die Kerbdurchmesser gleich groß und nur die Kerbtiefen den Querschnittsabmessungen proportional, so ist die Zunahme der Kerbschlagzähigkeit mit wachsender Probengröße wesentlich geringer als für die Verhältnisse unter 1.; für Werkstoffe mit geringerer Zähigkeit wird die Kerbschlagzähigkeit dann praktisch unabhängig von der Probengröße.

3. Werden sowohl Durchmesser als auch Tiefe des Kerbes gleich groß gehalten, so ist die Kerbschlagzähigkeit wieder stärker abhängig von der Probengröße als für die Verhältnisse unter 2., denn wegen des relativ flacher werdenden Kerbes ist bei wachsender Querschnittsgröße (ungekerbt) mit einem zusätzlichen Anwachsen der Kerbschlagzähigkeit zu rechnen.

Da bei den übrigen Versuchsergebnissen mehrfach ein ausgeprägter Zähigkeitsabfall mit wachsender Probengröße zu beobachten war, kann das erstmals als ein Hinweis darauf gelten, daß mit zunehmendem Probenquerschnitt auch die Lage des Übergangsgebietes zu höheren Temperaturen verschoben wird.

In neuerer Zeit befaßten sich W. Rädeker und D. Heinz [50] ausführlich mit dem Einfluß des Probenquerschnitts auf die Ergebnisse des Kerbschlagbiegeversuches. Die Versuche wurden an M St 42-3 (0,14% C) mit den in Tab. 11 beschriebenen Proben durchgeführt. Für jeden Querschnitt wurde die a_K-ϑ-Kurve bestimmt, so daß der Einfluß auf Hochlage und Steilabfall sicher verfolgt werden konnte.

Aus den Versuchsergebnissen ist im wesentlichen folgendes zu ersehen (vgl. Abb. 40, 41 und 42):

1. Mit wachsendem Bruchquerschnitt bei gleichbleibendem Seitenverhältnis und Kerbradius wird:
   a) die Hochlage erhöht,
   b) die Übergangstemperatur erhöht und
   c) der Übergang von der Hoch- zur Tieflage steiler.

2. Mit wachsendem Seitenverhältnis bei gleichbleibendem Bruchquerschnitt und Kerbradius wird:
   a) die Hochlage wenig beeinflußt, evtl. etwas erniedrigt und
   b) die Übergangstemperatur erhöht.

3. Den steilsten Übergang von der Hoch- zur Tieflage haben die Proben mit quadratischem Bruchquerschnitt.

4. Ein Einfluß auf die Tieflage ist nicht zu erkennen.

Die Auftragung der größten in der Hochlage aufgenommenen Schlagarbeit A_{max} über der den Probenquerschnitt kennzeichnenden Probenbreite B im doppelt-logarithmischen Maßstab (Abb. 42) ergibt fast streuungsfrei belegte Geraden, die einen Zusammenhang nach Potenzfunktionen $A_{max}/A_{max\,0} = C\,(B/B_0)^n$ mit den Exponenten $= 2{,}6$ bzw. 2,8 kennzeichnen. Da, wie der Tab. 11 zu entnehmen ist, die Kerbtiefe innerhalb einer Versuchsserie nahezu konstant bleibt bzw. mit zunehmender Querschnittsgröße sogar kleiner wird (Serie 1 b und 1 c), wurden somit hinsichtlich des Einflusses auf die Hochlage der Kerbschlagzähigkeit Versuchsergebnisse erhalten, wie sie nach R. Mailänder [17] (Punkt 3) annähernd zu erwarten waren.

Ähnliche Versuchsergebnisse wie W. Rädeker und D. Heinz [50] hinsichtlich des Einflusses auf die Kerbschlagzähigkeit in der Hochlage und auf die Übergangstemperatur erzielte auch Y. Akita [51] im quasistatischen Biegeversuch an einem unlegierten Kohlenstoffstahl (0,19% C) mit drei der kleinen Charpy-V-Probe in allen Abmessungen, einschließlich Auflagerentfernung, im Verhältnis 1:2, 1:4,2 (1 : Standardprobe) ähn-

Tab. 11 Abmessungen der untersuchten Kerbschlagproben
(nach W. Rädeker und D. Heinz [50])

Kerbart	Serie	*B/h*	Prüfquerschnitt *B* mm	*h* mm	*B h* cm²	Kerbtiefe *t* mm	Probenlänge *L* mm
Rundkerb ($d = 2$ mm)	1 a	0,5	2,5	5	0,125	5	55
			5	10	0,5	5	55
			7,5	15	1,125	5	75
			10	20	2,0	5	120
			12,5	25	3,125	5	120
	1 b	1,0	2,5	2,5	0,0625	7,5	55
			5	5	0,25	5	55
			7,5	7,5	0,56	2,5	55
			10	10	1,0	5	55
			12,5	12,5	1,56	2,5	75
	1 c	2,0	5	2,5	0,125	7,5	55
			10	5	0,5	5	55
			15	7,5	1,125	2,5	55
Spitzkerb ($\varrho = 0{,}25$ mm)	2 a	0,5	2,5	5	0,125	3	55
			5	10	0,5	2	75
			7,5	15	1,125	2	100
			10	20	2,0	2	120
			12,5	25	3,125	5	120
	2 b	1,0	2,5	2,5	0,0625	2,5	55
			5	5	0,25	3	55
			7,5	7,5	0,56	2,5	55
			10	10	1,0	2	75
			12,5	12,5	1,56	2,5	75
	2 c	2,0	5	2,5	0,125	2,5	55
			10	5	0,5	3	55
			15	7,5	1,125	2,5	55

lichen Proben, vgl. Abb. 43 und 44. Eindeutig geht aus beiden Arbeiten hervor, daß sich die Übergangstemperatur mit wachsendem Bruchquerschnitt bis zu rd. 2,5 cm² einem oberen Grenzwert nähert und sich bei noch größeren Querschnitten dann nicht mehr wesentlich erhöht.

Die aus den vorstehenden Untersuchungen gewonnenen Ergebnisse, die direkt oder indirekt durch andere Arbeiten [z. B. 7, 13, 15, 52, 53, 54] bestätigt werden, zeigen somit, daß die Querschnittsgröße von Einfluß auf den Verlauf der a_K-ϑ-Kurve ist; ganz allgemein werden mit zunehmender Bruchfläche die Kerbschlagzähigkeit in der Hochlage und die Übergangstemperatur zu höheren Werten verschoben; außerdem wird der Verlauf des Überganges von der Hoch- zur Tieflage steiler. Wie stark sich der Querschnittseinfluß bemerkbar macht, wird aber durch die Kerbabmessungen und die Zähigkeit des Materials mitbestimmt. Zwischen der Arbeitsaufnahme in der Hochlage und der Probengröße bestehen Beziehungen nach Potenzfunktionen mit Exponenten, die werkstoffabhängig und je nach Bruchzustand zwischen 2 und 3 liegen*.

* $n \to 2$ für verformungslosen Bruch; $n \to 3$ für zähen Bruch.

Dagegen läßt sich über die Abhängigkeit der Übergangstemperaturen von der Querschnittsgröße an Hand der wenigen Unterlagen nur qualitativ aussagen, daß hier erhebliche Verschiebungen auftreten können, die Übergangstemperaturen sich aber mit wachsender Bruchfläche rasch einem oberen Grenzwert nähern.

8. Einfluß der Stützweite

Über den Einfluß der Stützweite liegen nur wenige Arbeiten vor, an Hand derer sich aber eine gesicherte Aussage über die Größe des Einflusses nicht machen läßt. Nach L. Révillon [46] und A. Schmid [55] (lt. Gmelin [7]) nimmt die Kerbschlagzähigkeit mit der Stützweite zu. Ch. Frémont [56] und F. Fettweis [6] erklären die Zunahme damit, daß mit abnehmender Stützweite die Schubbeanspruchung gegenüber der Biegebeanspruchung mehr in den Vordergrund rückt; u. U. kann so eine völlige Verfälschung der Versuchsergebnisse erfolgen. Da aber gleichzeitig die Verformungsgeschwindigkeit zunimmt, wird nach F. Fettweis [6] und R. Mailänder [11] die Neigung zum Sprödbruch begünstigt.

Diese Arbeit wurde auf Anregung des Vereins Deutscher Eisenhüttenleute (VDEh) durchgeführt. Die Verfasser danken für die finanzielle Unterstützung durch das Land Nordrhein-Westfalen.

Literaturverzeichnis

Bücher sind durch * gekennzeichnet.

[1] Ehrensberger, Die Kerbschlagprobe im Materialprüfungswesen. Stahl u. Eisen **27** (1907), Nr. 50, S. 1797–1811, und Nr. 51, S. 1833–1839.

[2] Preuss, E., Neuere Arbeiten über die Kerbschlagprobe. Stahl u. Eisen **34** (1914), Nr. 30, S. 1265–1267.

[3] Stribeck, R., Die Kerbschlagzähigkeit und das Ähnlichkeitsgesetz. Stahl u. Eisen **35** (1915), Nr. 15, S. 392–396.

*[4] Rühl, K., Die Sprödbruchsicherheit von Stahlkonstruktionen. Werner-Verlag, Düsseldorf 1959.

*[5] Neuber, H., Kerbspannungslehre. 2., erweiterte Auflage. Springer-Verlag (1958), Berlin–Göttingen–Heidelberg, S. 179 und 182.

[6] Fettweis, F., Die Kerbschlagprobe. Entwicklung und Kritik. Arch. Eisenhüttenwes. **2** (1929), Nr. 10, S. 625–674.

*[7] Gmelin, Handbuch der anorganischen Chemie. 8. Auflage (1939), Teil C – Lieferung 2; System-Nr. 59: Eisen – Prüfung der Kerbschlagzähigkeit.

[8] Petrenko, N., Comparative slow bend and impact notched bar tests on some metals. Technol. Pap. Bur. Stand. **19** (1925), S. 338; Trans. Am. Soc. Steel Treating **8** (1925), S. 557.

[9] Steccanella, A., Prove di resilienza. Unificazione internazionale della provetta ed altre indagini. Metallurg. Ital. **27** (1935), S. 81–108.

[10] Dupuy, E., J. Mellon und P. Nicolau, Normalisation internationale de l'essai de flexion par choc sur barreaux entaillés (résilience). Étude experimentale de l'influence de la profondeur d'entaille. Rév. Mét. **33** (1936), S. 55–70 und 133–139.

[11] Mailänder, R., Zur Normung einer kleinen Kerbschlagprobe. Stahl u. Eisen **55** (1935), Nr. 28, S. 749–754, und Nr. 29, S. 779–785.

[12] Mailänder, R., Vergleichsversuche an kleinen Kerbschlagproben mit verschiedenen Kerbtiefen und -durchmessern. Arch. Eisenhüttenwes. **10** (1936), Nr. 2, S. 53–58.

[13] Malmberg, G., Einfluß der Abmessungen von Spitzkerbproben auf die Ergebnisse des Kerbschlagbiegeversuches. Särtryck ur Jernkontorets Annaler, **146**, 1962, S. 903–923.

[14] Bihlmaier, C., Das Verhältnis der Kerbschlagzähigkeit bei Verwendung verschiedener Probenformen. Arch. Eisenhüttenwes. **20** (1949), Nr. 1/2, S. 31–35.

[14a] Schuster, L. W., The notched bar test applied to steel and weld metal, with special reference to the Izod-test. British Engine Boiler and Electrical Insurance Co., Ltd., Technical Report for 1935.

[15] Holdt, H., Die Kerbschlagbiegeprobe und ihre Versuchsbedingungen. Veröffentlichungen des Zentral-Verbandes der Preußischen Dampfkessel-Überwachungs-Vereine, Bd. **8** (1930), S. 5–66.

[16] Moser, M., Zur Gesetzmäßigkeit der Kerbschlagprobe. Kruppsche Monatshefte Dez. (1921), S. 225–240.

[17] Mailänder, R., Das Ähnlichkeitsgesetz bei der Kerbschlagprobe. Stahl u. Eisen **46** (1926), S. 1752–1757.

[18] Reinecken, W., Einfluß der Kerbform und Bearbeitung auf die Schlagzähigkeit von Stahl in der Kälte. Arch. Eisenhüttenwes. **20** (1949), Nr. 1/2, S. 37–39.

[19] Bardtke, P., und A. Matting, Eignung des Kerbschlagversuches zur Prüfung von Schweißverbindungen. Autogene Metallbearbeitung **26** (1933), S. 279; Forschungsarb. Gebiete Schweißen und Schneiden **9** (1934), S. 65.

[20] Varga, Th., und B. Marincek, Wirkung des Kerbradius auf die Kerbschlagbiegezähigkeit von Stahl. Materialprüfung **6** (1964), Nr. 5, S. 163–169.

[21] Kochendörfer, A., und Chr. Rohrbach, Kennzeichnung der Sprödbruchneigung von Stählen und Messung der Fließspannung, Reißspannung und Brucheinschnürung an dreiachsig beanspruchten Proben. Arch. Eisenhüttenwes. **26** (1955), Nr. 4, S. 213–219.

[22] Kussmann, H., Untersuchungen an allgemeinen Baustählen über die Zusammenhänge zwischen den mit verschiedenen Proben ermittelten Versprödungstemperaturen. Stahl u. Eisen **79** (1959), Nr. 15, S. 1065–1074.

[23] Varga, Th., Ein Vergleich der mit verschiedenen Probenformen gewonnenen Kerbschlagzähigkeitswerte. Schweiz. Arch. **29** (1963), Nr. 9, S. 297–303.

[24] Armstrong, T. N., und A. P. Gagnebin, Impact properties of some low alloy Nickel Steels at temperatures down to — 200 degrees Fahr. Trans. ASM **28** (1940), S. 1–24.

[25] Portevin, A., Les états de surface et la corrosion. Métaux Corrosion **13** (1938), S. 55.

[26] DIN 50115, Kerbschlagbiegeversuch. S. auch DIN-Taschenbuch 19, Materialprüfnormen für metallische Werkstoffe (1966), S. 95–97.

[27] Vanderbeck, R. W., R. W. Lindsay, H. D. Wilde, W. T. Lankford und S. C. Snyder, Effect of specimen preparation on notchtoughness behavior of keyhole Charpy specimens in the transition temperature zone. ASTM Special Technical Publication No. 158 (1953), S. 308–320.

[28] Kahn, N. A., E. A. Imbembo und F. Ginsberg, Effect of variations in notch acuity on the behavior of steel in the Charpy-notched bar test. Proceedings Am. Soc. Testing Mats. **50** (1950), S. 619.

[29] Felix, W., Zur Frage des Steilabfalls der Kerbzähigkeit von Stahl. Diss. ETH Zürich 1954, Prom.-Nr. 2358.

[30] Onderzoek Lasbaarheid van Staal III: Problemen bij het maken van scherpe Kerven. Medeling No. 4 van de Researchcommissie der N. V. L. Jan. 1950.

[31] Schnadt, H. M., Einführung in die Atopie-Prüfung von Stählen. Oerlikon Schweißmitteilungen **16** (1958), Nr. 31, S. 14–28.

[32] Baumann, R., Versuche über den Einfluß der Breite bei Kerbschlagproben. Z. VDI **56** (1921), Nr. 33, S. 1311–1314.

[33] Mailänder, R., Der Einfluß der Probenbreite auf die Kerbzähigkeit von Flußeisen. Kruppsche Monatshefte **5** (1921), S. 16–21; Stahl u. Eisen **45** (1925), S. 392/393.

[34] Krisch, A., Spannungsverteilung in Kerbschlagproben. Arch. Eisenhüttenwes. **21** (1950), Nr. 11/12, S. 403–411.

[35] Rädeker, W., Einfluß der Probenbreite auf die Ergebnisse der Kerbschlagprüfung. Materialprüfung **5** (1963), Nr. 10, S. 377–384.

[36] Rühl, K., W. Schönherr und K. Teske, Kerbschlagbiegeversuche an allgemeinen Baustählen nach DIN 17100. Arch. Eisenhüttenwes. **35** (1964), Nr. 5, S. 415–426.

[37] Strassburger, Chr., und D. Schauwinhold, Einfluß der Probenbreite auf die Ergebnisse von Kerbschlagbiegeversuchen an weichen Stählen. Arch. Eisenhüttenwes. **35** (1964), Nr. 5, S. 427–435.

[38] Zeno, R. S., und J. L. Dolby, The effect of specimen geometry on impact transition temperature. Weld. Res. Supplement 1953, S. 190-s–197-s.

[39] Schönherr, W., Über die Kerbzähigkeit dünner Bleche. Mitt. Forschungsgesellschaft Blechverarbeitung 1965, Nr. 19/20, S. 324–330.

[40] Draugelates, U., Die Kerbschlagzähigkeit geschichteter Feinbleche. Mitt. Forschungsgesellschaft Blechverarbeitung 1965, Nr. 19/20, S. 331–338.

[41] Schmidt, W., Abhängigkeit der Kerbschlagzähigkeit von der Probenbreite bei austenitischen Stählen. Arch. Eisenhüttenwes. **35** (1964), Nr. 2, S. 129–131.

[42] E 23-60 – Standard methods for notched bar impact testing of metallic materials. ASTM Standards 1961, Part 3, Metals Test Methods, S. 79–93 (8a).

[43] A 370-61 T – Tentative methods and definitions for mechanical testing of steel products. ASTM Standards 1961, Part 3, Metals Test Methods, S. 117–137 (134–137).

[44] ASTM Standards 1958, Part 1, Ferrous Metals (Specifications), und zwar im einzelnen:
A 300-58 – Steel plates for pressure vessels for service at low temperatures, S. 580–582.
A 333–58 T – Seamless and welded steel pipe for low temperature service, S. 276–289.
A 334-58 T – Seamless and welded steel tubes for low temperatures service, S. 290–297.
A 350-58 T – Forged or rolled carbon and alloy steel flanges, forged fittings, and walves and parts for low temperature service, S. 311–317.
A 420-58 T – Factory-made wrought carbon steel and alloy steel welding fittings of seamless or welded construction for low temperature service, S. 393–401.

[45] Arnold, S. V., A laminated specimen for Charpy impact testing of sheet metal. Proceedings, Am. Soc. Testing Mats. **57** (1957), S. 1273–1281.

[46] Révillon, L., La définition de la résilience et les essais au choc. Rev. Mét. **5** (1908), S. 887–892; siehe auch: Stahl u. Eisen **29** (1909), S. 1453; Metallurgie **6** (1909), S. 99–101.

[47] Dix, E. H. Jr., The single blow notched bar impact test as used in the american industry. Proceedings, Am. Soc. Testing Mats. **19** (1919), S. 720–756; Rev. Mét. Extr. **17** (1920). S. 259–264.

[48] Uebel, F., Die Auswertung von Kerbschlagversuchen an schlagspröden Werkstoffen. Die Gießerei **24** (1937), Nr. 17, S. 413–417.

[49] Moser, M., Die Ergebnisse des Kerbschlagversuches. Kruppsche Monatshefte April (1924), S. 48–58.

[50] Rädeker, W., und D. Heinz, Einfluß der Querschnittsgröße auf die Ergebnisse der Kerbschlagprüfung. Materialprüfung **7** (1965), Nr. 3, S. 96–99.

[51] Akita, Y., Scale effects in notch brittleness. Weld. Res. Supplement Sept. (1953), S. 475-s – 480-s.

[52] Ludwig, N., Beitrag zur Entwicklung einer kleinen Kerbschlagprobe. Arch. Eisenhüttenwes. **20** (1949), Nr. 1/2, S. 27–29.

[53] Schwartzbart, H., und J. P. Sheehan, Der Einfluß der Probengröße auf die Ergebnisse von Kerbschlagversuchen mit abgeschreckten und angelassenen Stählen. Proceedings, Am. Soc. Testing Mats., **54** (1954), S. 339–359.

[54] Malmberg, G., Vergleich zwischen den Ergebnissen, die mit Charpy-V-Proben und kleineren Proben erhalten wurden. Jernkont. Ann. **145** (1961), S. 183–204.

[55] Schmid, A., Einige Mitteilungen betreffend die praktische Anwendung der Kerbschlagbiegeprobe. Mitteilungen der Materialprüf. Anst. a. d. ETH Zürich, 1913, H. 10b, S. 1–14.

[56] Frémont, Ch., Nouveaux procédés d'essais mécaniques des métaux. Génie civil **75** (1919), S. 205.

Abbildungsanhang

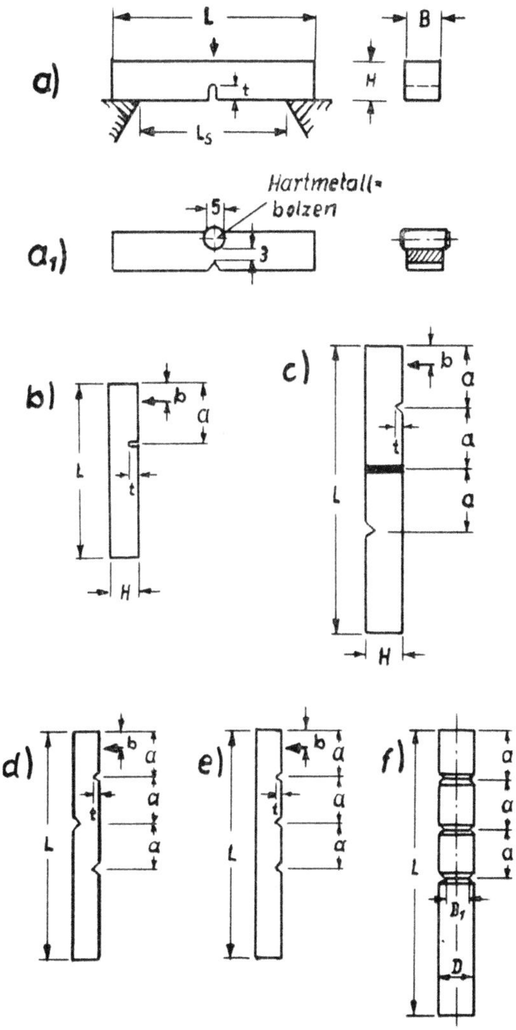

Abb. 1 Probenformen für Kerbschlagbiegeproben (nach K. RÜHL [4])

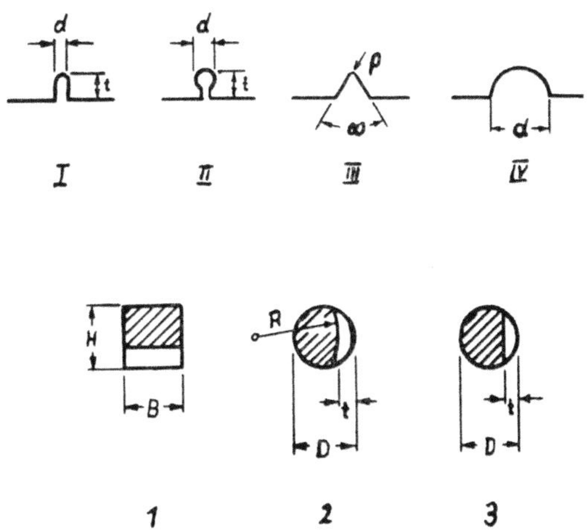

Abb. 2 Kerb- und Querschnittsformen für Kerbschlagbiegeproben (nach K. RÜHL [4])

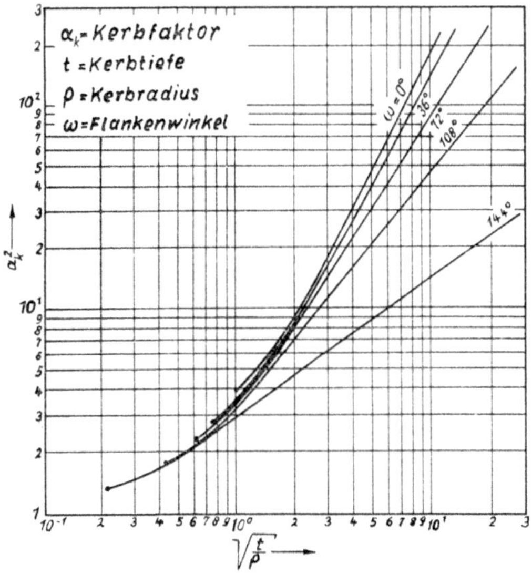

Abb. 3
Kerbfaktor für flache Kerben mit geradlinigen Flanken und kreisförmigem Grund bei verschiedenen Flankenwinkeln
(nach H. NEUBER [5])

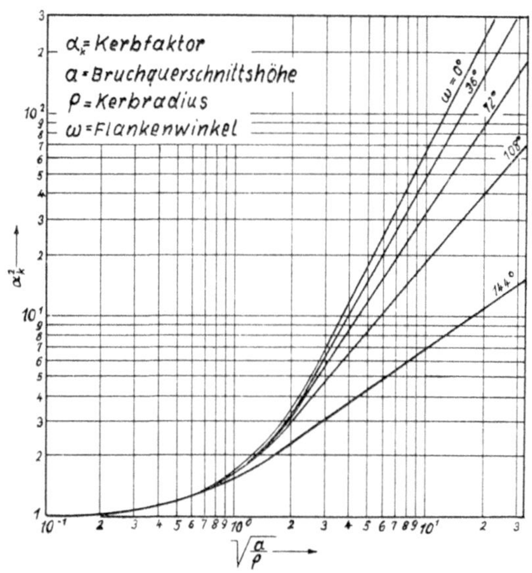

Abb. 4
Kerbfaktor für tiefe Kerben mit geradlinigen Flanken und kreisförmigem Grund bei verschiedenen Flankenwinkeln
(nach H. NEUBER [5])

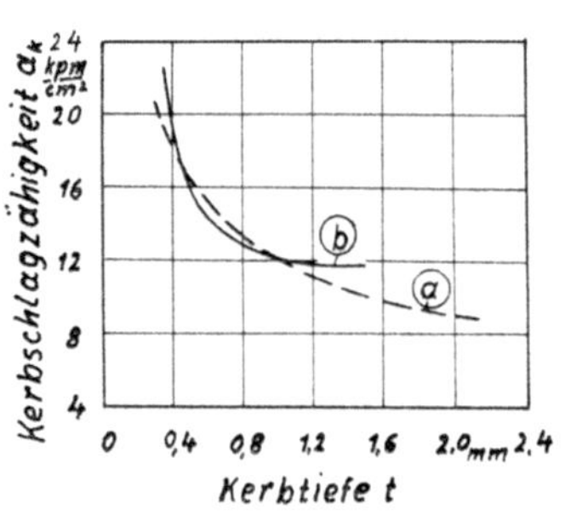

Abb. 5
Einfluß der Kerbtiefe auf die bei einem Stahl mit 5% Ni gefundene Kerbschlagzähigkeit
(nach R. MAILÄNDER [11])
(Probe: Breite $B = 10$ mm, Länge $L = 30$ mm, Kerbradius $\varrho = 0{,}5$ mm; Versuchstemperatur $\vartheta = 20°$C)

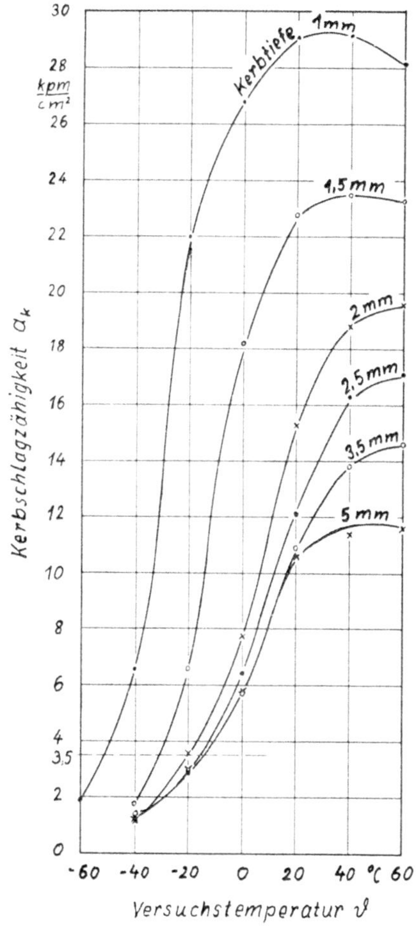

Abb. 6
Einfluß der Kerbtiefe (gleichbleibende Bruchquerschnittshöhe) auf das Kerbschlagzähigkeits-Temperatur-Verhalten eines warmgewalzten und normalisierten C-Stahls
(nach G. Malmberg [13])
(Probenform: ISO-Spitzkerb
Stahl: 0,14% C, 0,33% Si, 0,41% Mn
$\sigma_S = 28{,}5$ kp/mm²,
$\sigma_B = 44{,}9$ kp/mm²
$\delta_5 = 37\%$)

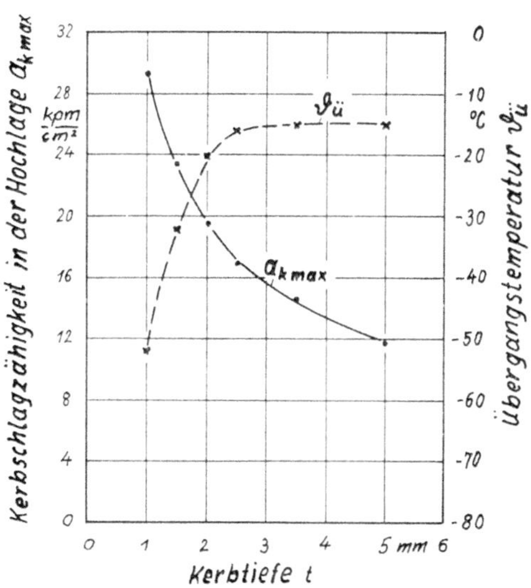

Abb. 7
Abhängigkeit der maximalen Kerbschlagzähigkeit in der Hochlage und der Übergangstemperatur ($\vartheta_ü$ bei 3,5 kpm/cm²) von der Kerbtiefe
Die Kurven wurden an Hand der Abb. 6 bestimmt

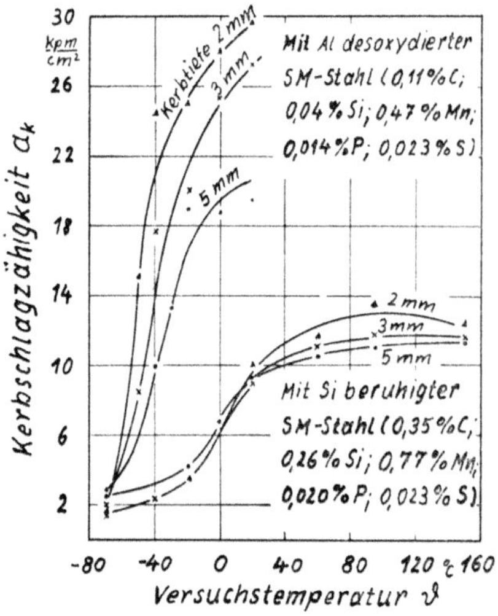

Abb. 8
Einfluß der Kerbtiefe auf die Kerbschlagzähigkeit (nach R. MAILÄNDER [12]) (Probenform: ISO-Rundkerb)

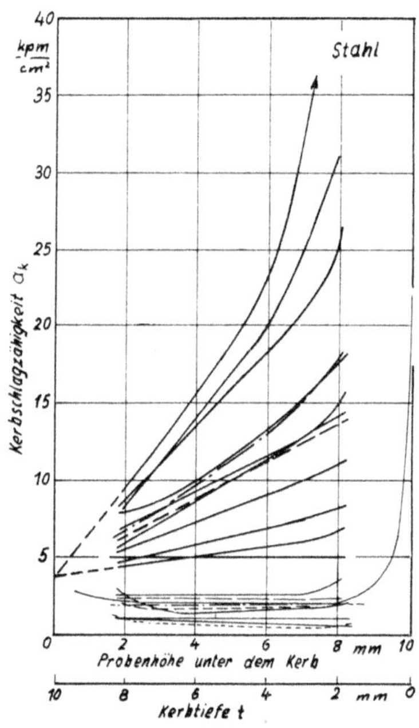

Abb. 9
Versuchsergebnisse von E. DUPUY, J. MELLON und P. NICOLAU [10] über den Einfluß der Kerbtiefe auf die Kerbschlagzähigkeit bei $10 \times 10 \times 55$ mm³ großen Proben mit 2 mm Kerbdurchmesser

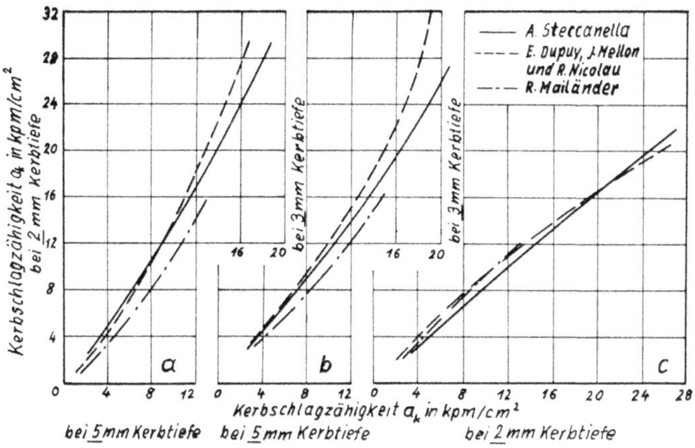

Abb. 10 Mittlere Beziehungen zwischen den an Proben 10 mm × 10 mm × 55 mm (Kerbdurchmesser 2 mm) mit 2, 3 und 5 mm Kerbtiefe ermittelten Kerbschlagwerten (nach R. Mailänder [12])

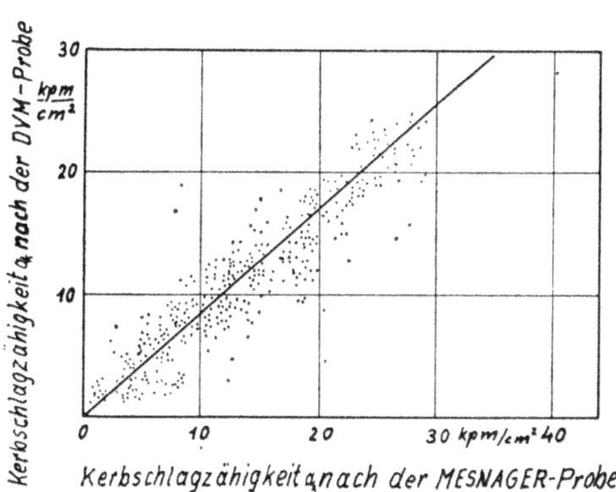

Abb. 11

Beziehung zwischen der Kerbschlagzähigkeit nach der DVM- und der Mesnager-Probe bei Stahl
(nach C. Bihlmaier [14])

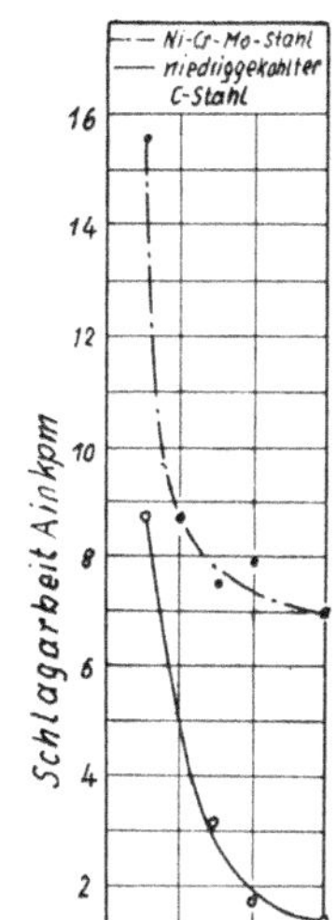

Abb. 12

Einfluß der Kerbtiefe auf die Kerbschlagzähigkeit verschieden zäher Stähle
(nach L. W. Schuster [14a])
(Bruchquerschnittshöhe = 8 mm)

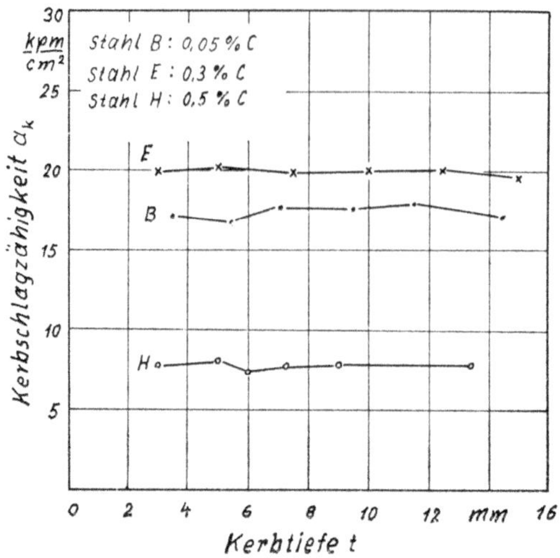

Abb. 13 Einfluß der Kerbtiefe auf die Kerbschlagzähigkeit bei Proben mit gleichbleibendem Bruchquerschnitt
(nach H. HOLDT [15])
(Proben: Probenbreite 15 und 20 mm,
Bruchquerschnittshöhe rd. 5 mm, Kerbdurchmesser 3 mm;
Versuchstemperatur = const. = Raumtemperatur)

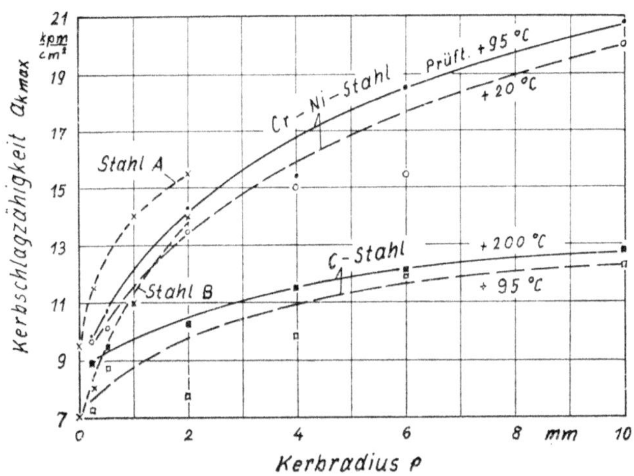

Abb. 14 Abhängigkeit der Kerbschlagzähigkeit in der Hochlage vom Kerbradius
Kurven für Cr-Ni-Stahl und C-Stahl nach MAILÄNDER [17], Kurven für Stahl A (St 42) und Stahl B (St 52) nach VARGA und MARINCEK [20]

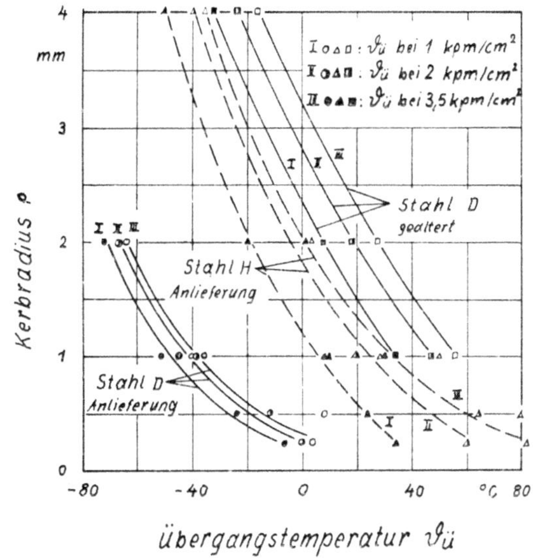

Abb. 15 Übergangstemperaturen der untersuchten Stähle in Abhängigkeit vom Kerbradius der Kerbschlagproben bei Zugrundelegung eines Kerbschlagwertes von 1 (I), 2 (II) und 3,5 (III) kpm/cm²
(nach KUSSMANN [22])

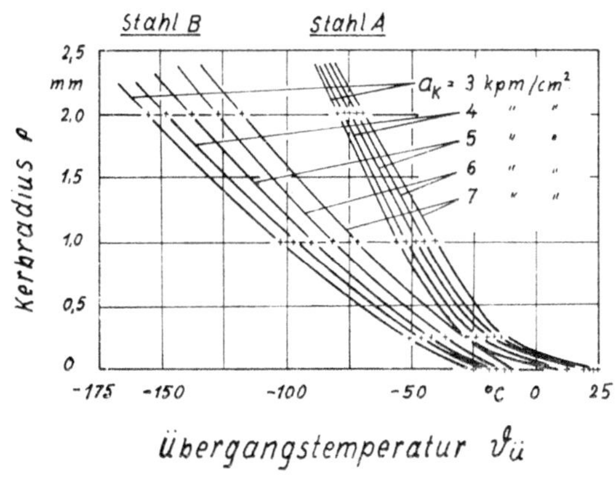

Abb. 16 Kerbradius ϱ in Abhängigkeit von der Übergangstemperatur $\vartheta_{ü}$ für verschiedene Werte der Kerbschlagzähigkeit a_K
(nach VARGA und MARINCEK [20])

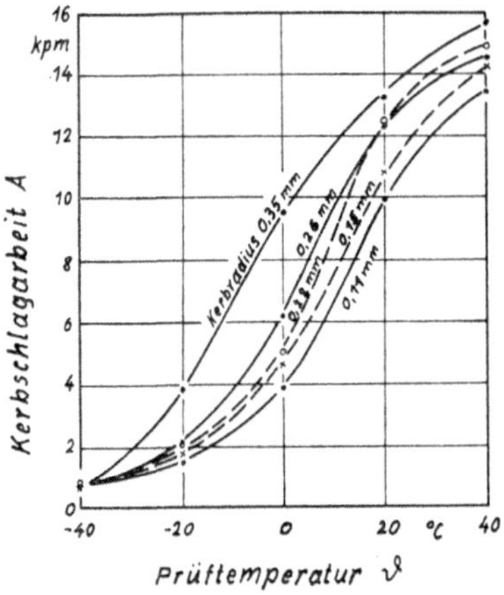

Abb. 17
Kerbschlagarbeit in Abhängigkeit von der Temperatur für ISO-Spitzkerbproben mit verschiedenen Kerbradien
(nach MALMBERG [13])

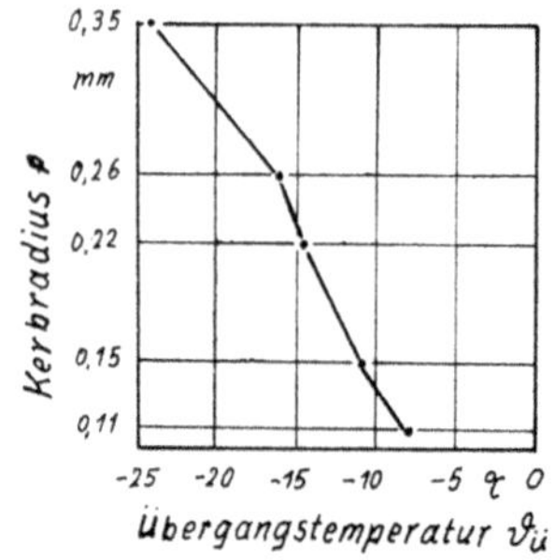

Abb. 18
Abhängigkeit der Übergangstemperatur (bei 2,8 kpm bzw. 3,5 kpm/cm²) vom Kerbradius (vgl. [17])

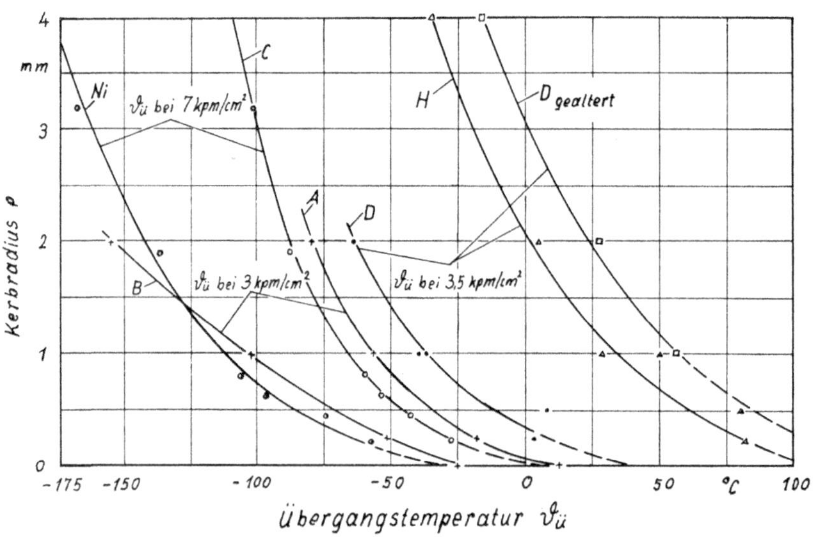

Abb. 19 Abhängigkeit der Übergangstemperatur vom Kerbradius
Zusammenfassende Darstellung der Ergebnisse von KUSSMANN [22], VARGA und MARINCEK [20] und ARMSTRONG und GAGNEBIN [24]

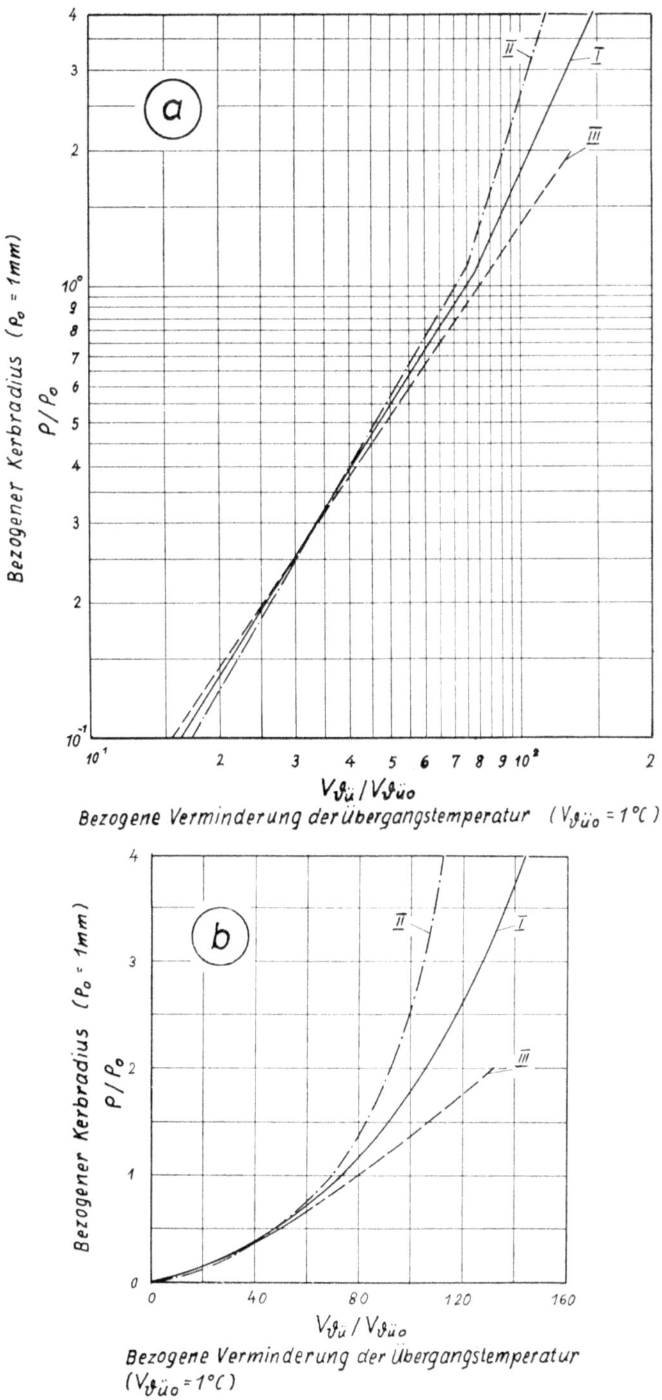

Abb. 20 Darstellung aller in Abb. 19 enthaltenen Kurven; durch Parallelverschiebung weitgehend zur Deckung gebracht

doppelt-logarithmische Auftragung a) — I: Ni; D; H und D gealtert

lineare Auftragung b) — II: C und A

III: B

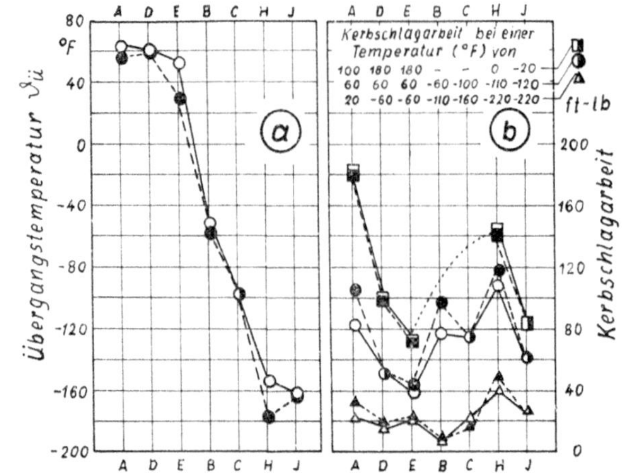

Abb. 21 Wirkung des Polierens des Kerbgrundes gefräster Charpy-V-Kerben ($\varrho = 0{,}25$ mm) auf die Kerbschlagarbeit (in der Hochlage, in der Mitte des Steilabfalls und in der Tieflage) und die Übergangstemperatur ($\vartheta_{ü}$: Temperatur bei $1/2\ A_{max}$) (nach N. A. KAHN, E. A. IMBEMBO und F. GINSBERG [28])

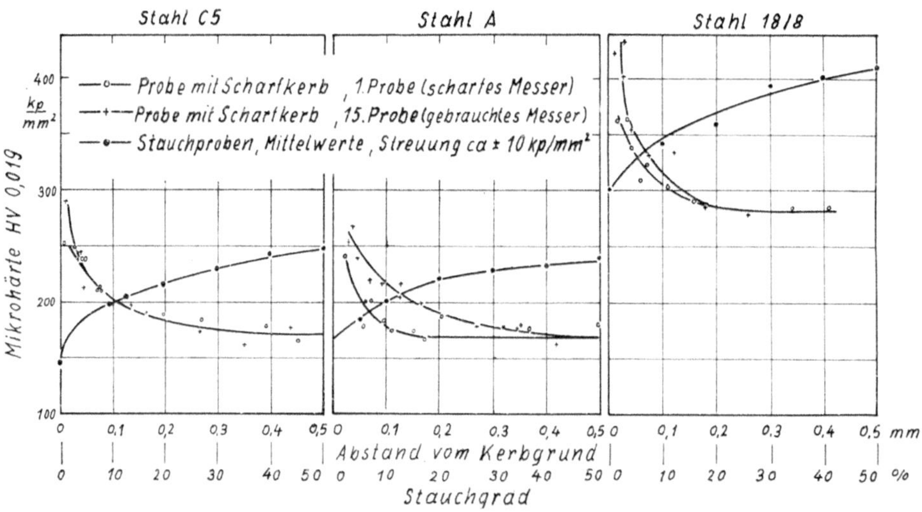

Abb. 22a Mikrohärte im Kerbgrund von Proben mit eingepreßtem Scharfkerb nach SCHNADT im Vergleich zur Mikrohärte von Stauchproben (nach W. FELIX [29])

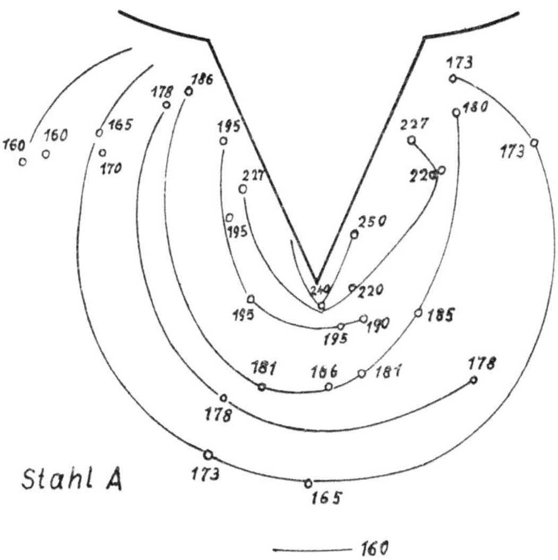

Abb. 22b Mit neuem Messer 0,3 mm tief eingepreßtem Scharfkerb
Kurven gleicher Härte in der Umgebung (Isoduren) des Kerbes
(nach W. Felix [29])

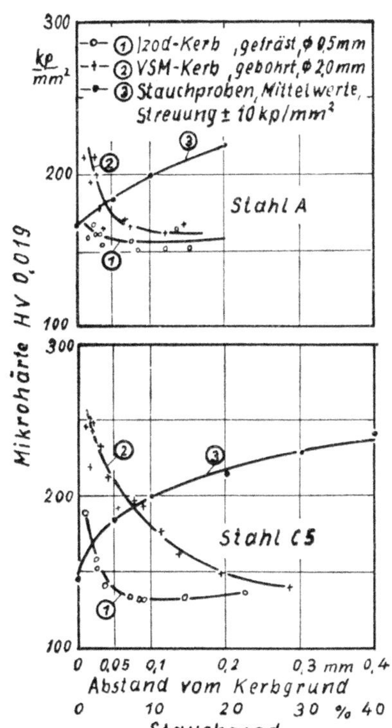

Abb. 23 Mikrohärte im Kerbgrund von Izod- und VSM-Kerben im Vergleich zur Mikrohärte von Stauchproben
(nach W. Felix [29])

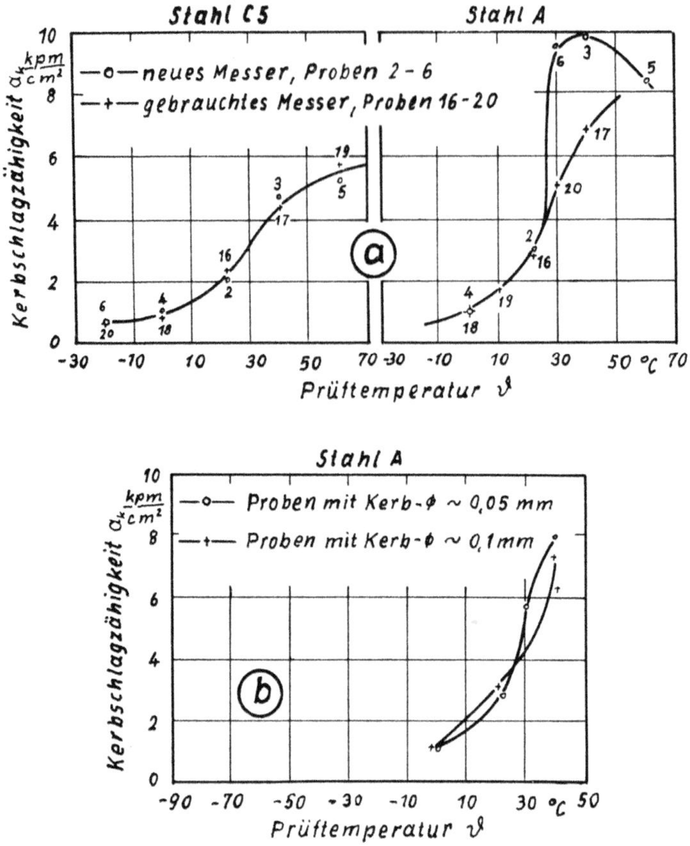

Abb. 24 Einfluß der durch verschiedene Kerbschärfen verursachten Verformung auf den Steilabfall
(nach W. FELIX [29])

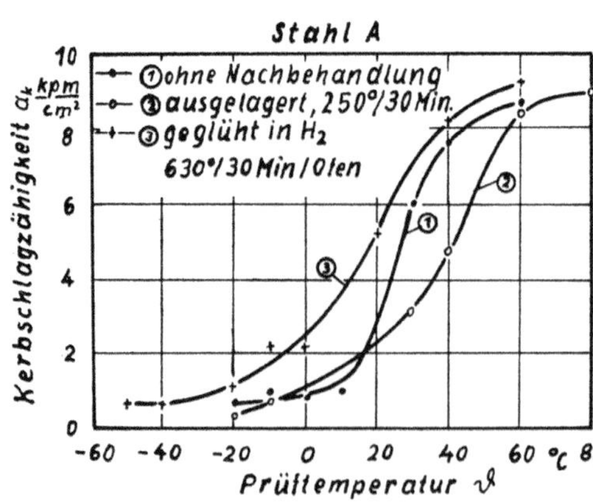

Abb. 25 Einfluß der Verformung im Bereich des Kerbgrundes auf den Steilabfall bei Proben gleicher Kerbschärfe
(nach W. FELIX [29])

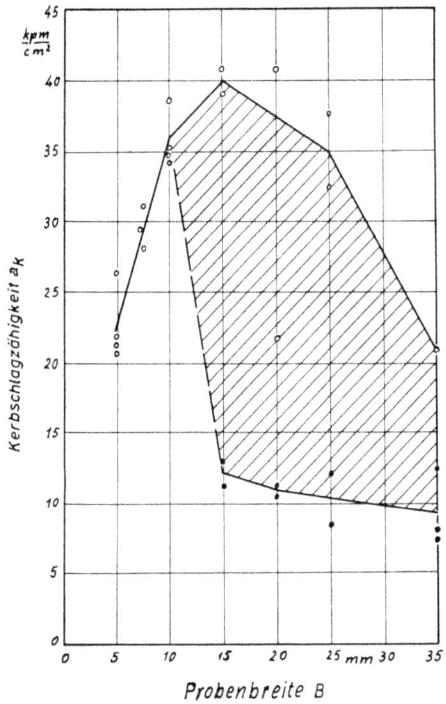

Abb. 26
Abhängigkeit der Kerbschlagzähigkeit von der Probenbreite
(nach R. MAILÄNDER [33])
(Bruchquerschnittshöhe b der Proben = 15 mm)

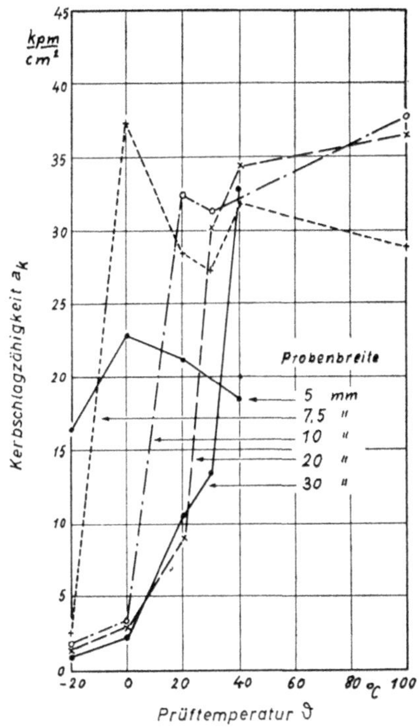

Abb. 27
Kerbschlagzähigkeit verschieden breiter Proben in Abhängigkeit von der Prüftemperatur
(nach R. MAILÄNDER [33])
(Bruchquerschnittshöhe b der Proben = 15 mm)

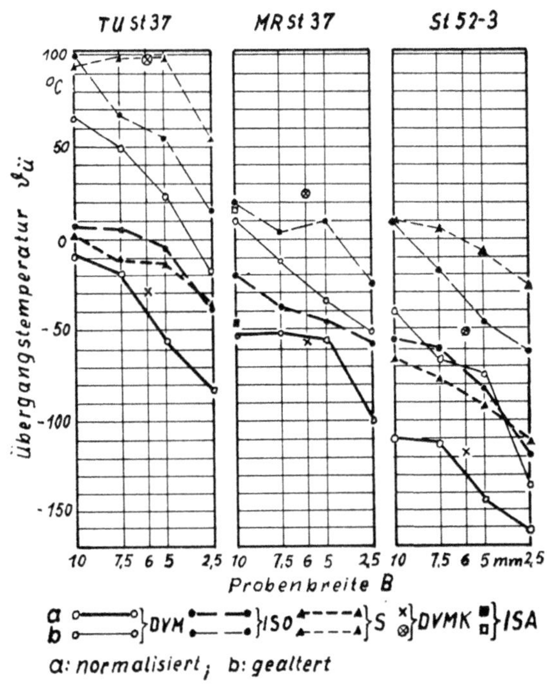

Abb. 28
Einfluß der Probenbreite B auf di
Übergangstemperatur $\vartheta_ü$
(nach W. RÄDEKER [35])

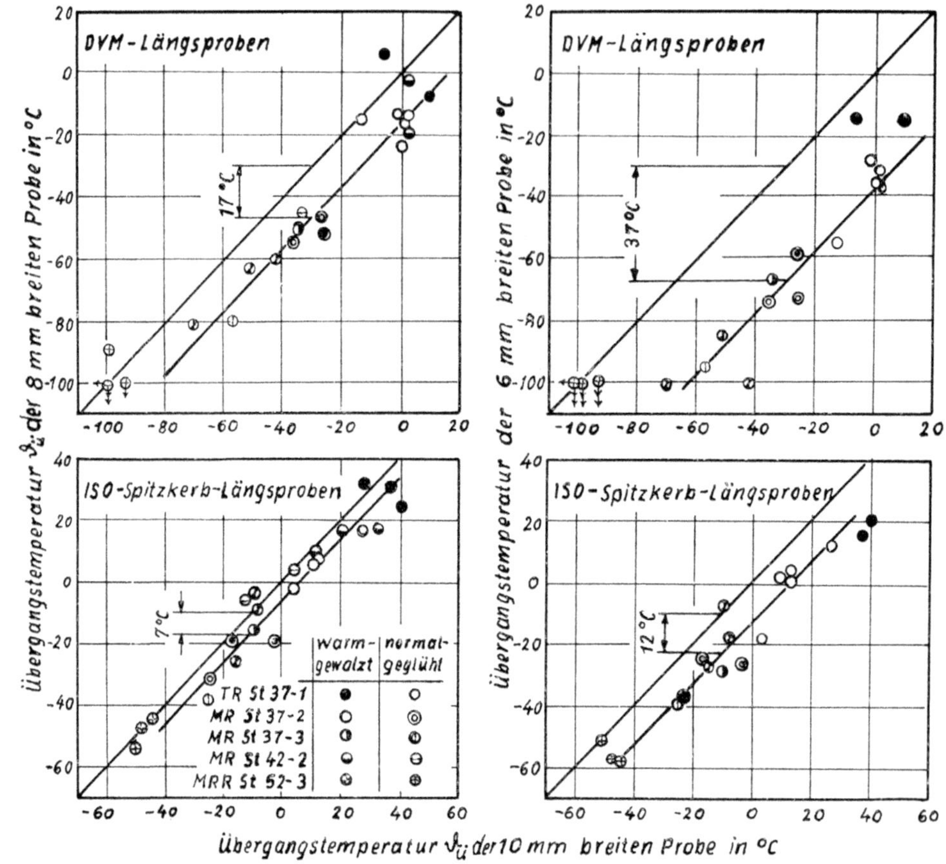

Abb. 29 Lage der Übergangstemperatur für eine Kerbschlagzähigkeit von 3,5 kpm/cm² von Proben geringerer Breite im Vergleich zu genormten Proben (nach CHR. STRASSBURGER und D. SCHAUWINHOLD [37])

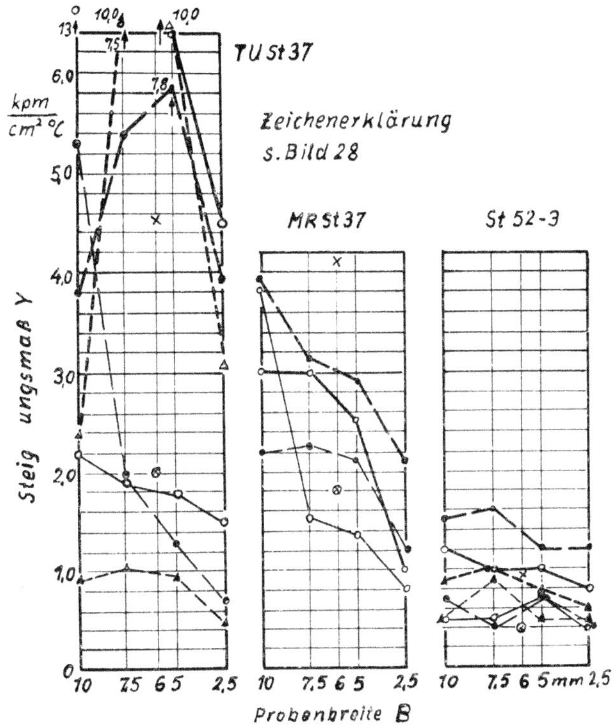

Abb. 30 Steigungsmaß $Y = \Delta a_K / \Delta \vartheta$ der Kerbzähigkeit dicht oberhalb der Übergangstemperatur in Abhängigkeit von der Probenbreite B (nach W. Rädeker [35])

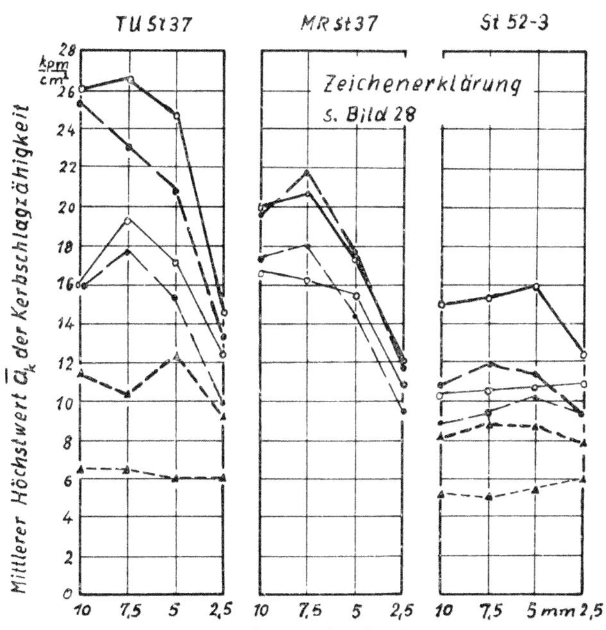

Abb. 31 Mittlerer Höchstwert $\bar{a}_K$ der Kerbschlagzähigkeit in Abhängigkeit von der Probenbreite B (nach W. Rädeker [35])

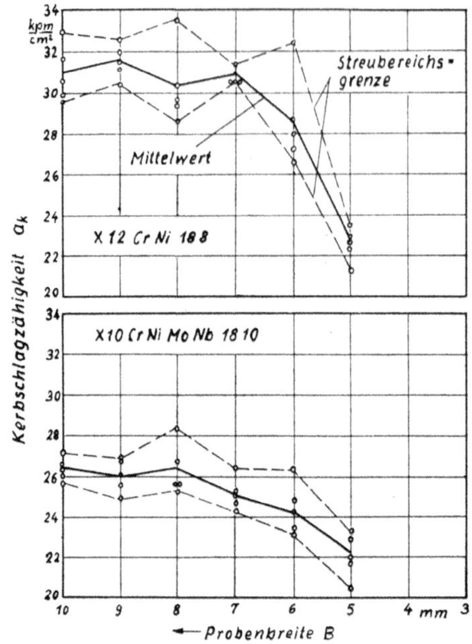

Abb. 32 Abhängigkeit der Kerbschlagzähigkeit von der Probenbreite bei DVM-Proben ähnlichen Proben aus austenitischen Stählen
(nach W. SCHMIDT [41])

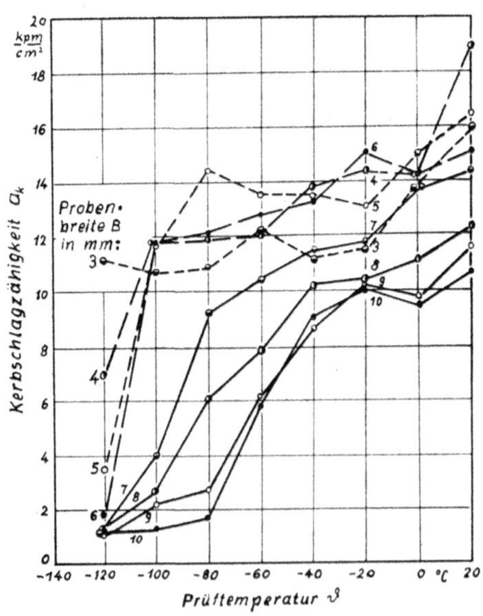

Abb. 33 Mit DVMF-Proben verschiedener Breite aus St 52-3 (künstlich gealtert) ermittelte a_K-ϑ-Kurven
(nach CHR. STRASSBURGER und D. SCHAUWINHOLD [37])

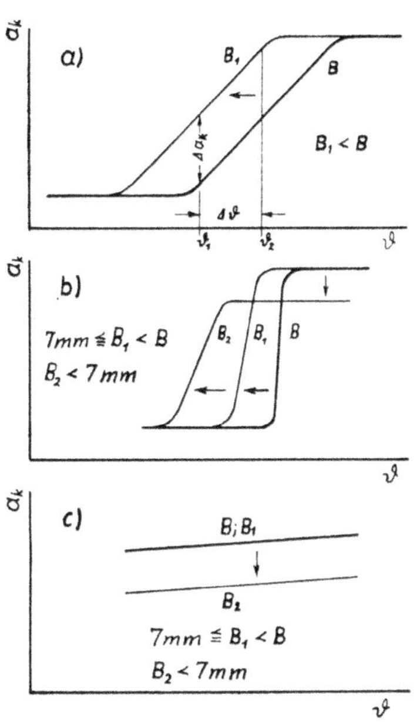

Abb. 34

a) Stähle mit flachem Übergangsgebiet (und relativ niedriger Hochlage)
b) Stähle mit relativ steilem Übergangsgebiet
c) Austenitische Stähle – ohne Übergangsgebiet

Schematische Darstellung des Einflusses der Probenbreite auf den Verlauf der a_K-ϑ-Kurve bei verschiedenen Werkstoffen. Die Breite B entspricht den 10 mm breiten Normalproben (DVM- bzw. ISO-Proben); die Pfeile geben die Verschiebungsrichtung an

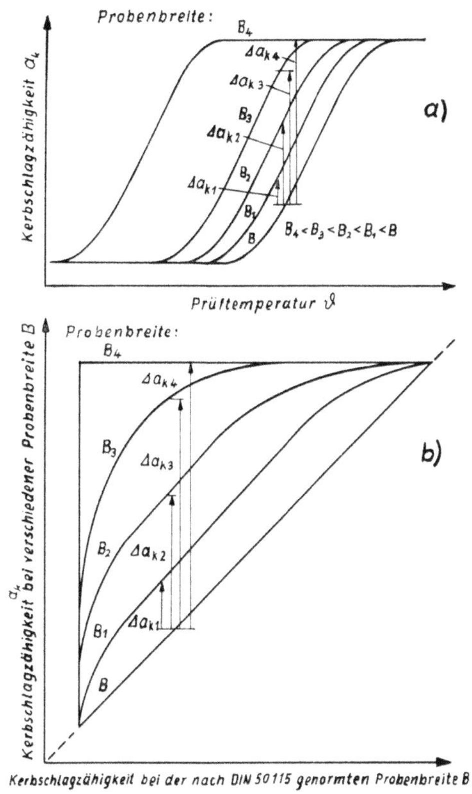

Abb. 35

Vergleich der Kerbschlagzähigkeitswerte verschiedener Probenbreiten (schematisch) (nach Chr. Strassburger und D. Schauwinhold [37])

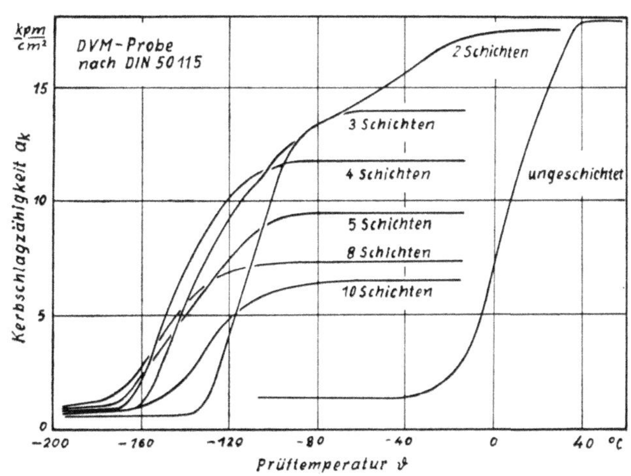

Abb. 36 a_K-ϑ-Kurven geklebter DVM-Schichtproben aus YR St 37 (nach U. Draugelates [40])

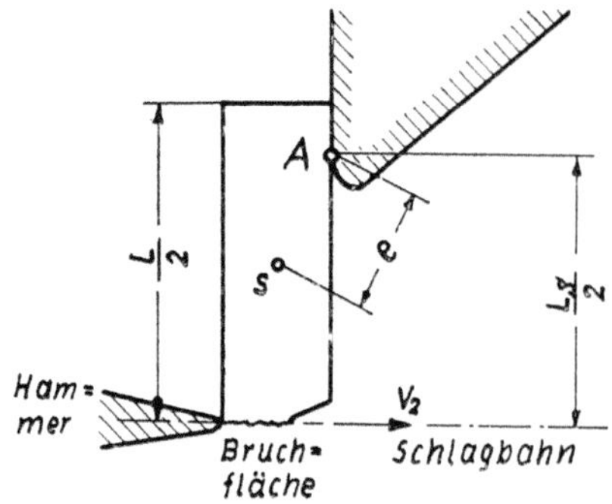

Abb. 37
Geometrische Verhältnisse für eine gebrochene Probe
(nach UEBEL [48])

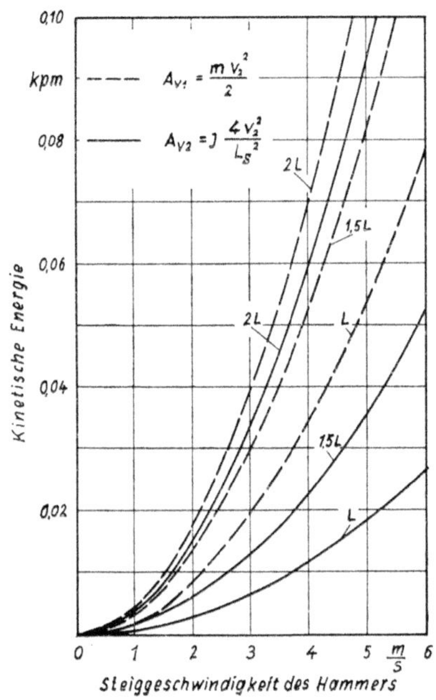

Abb. 38
Abhängigkeit der Energieaufnahme verschieden langer gebrochener Proben von der Hammergeschwindigkeit im Kerbschlagbiegeversuch

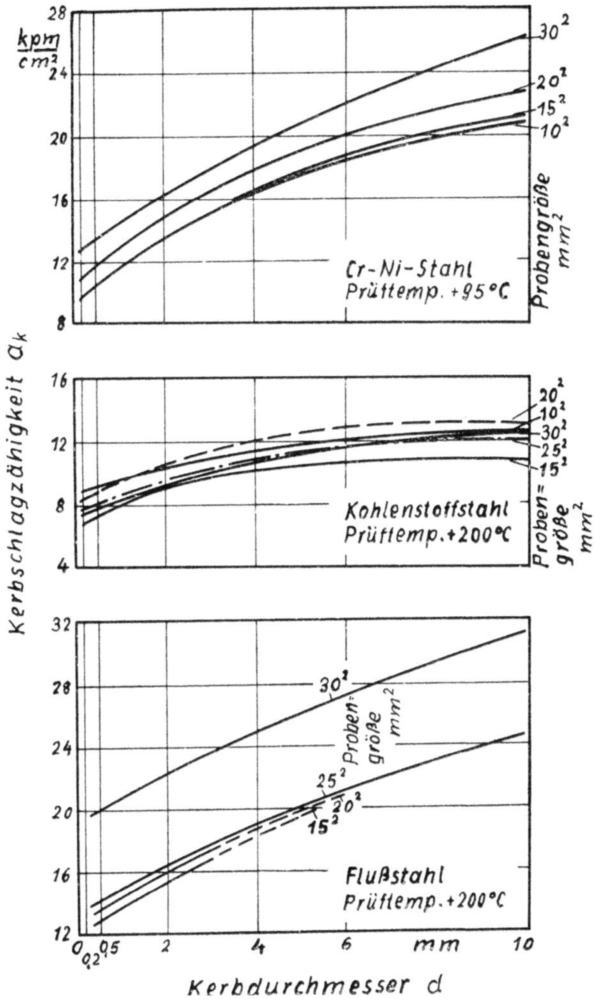

Abb. 39
Abhängigkeit der Kerbschlag
zähigkeit (sehniger Bruch) von
Kerbdurchmesser
(nach R. MAILÄNDER [17])

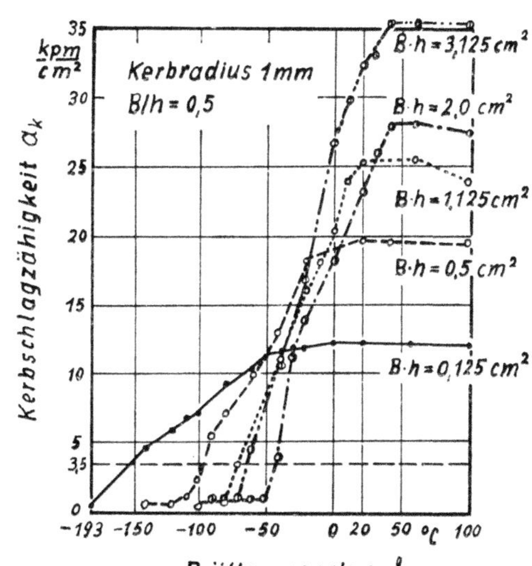

Abb. 40
Kerbschlagzähigkeit a_K eines M St
42-3 in Abhängigkeit von der
Temperatur bei unterschiedlicher
Bruchquerschnittsgröße *Bh*, aber
gleichem Seitenverhältnis *B*/*h* und
gleichem Kerbradius ϱ
(nach W. RÄDEKER und D. HEINZ
[50])

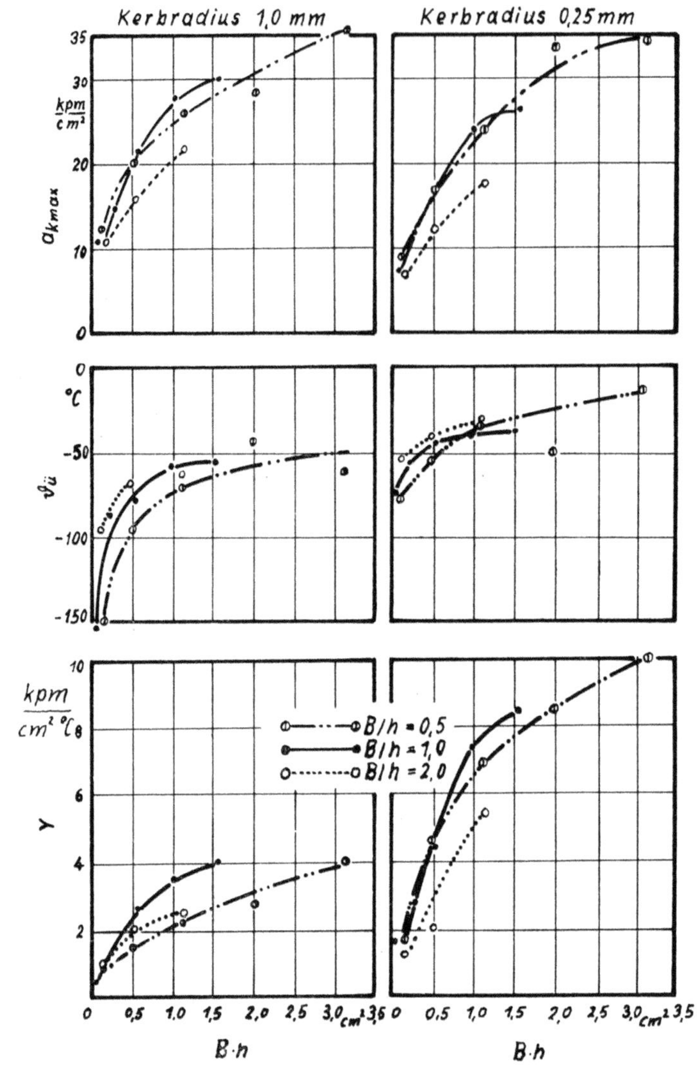

Abb. 41 Abhängigkeit der Höchstwerte der Kerbschlagzähigkeit $a_{k\,max}$, der Übergangstemperatur $\vartheta_ü$ (bei 3,5 kpm/cm²) und des Steigungsmaßes Y ($Y = \Delta a_k/10°$ C in Höhe von $a_{k\,max}/2$) vom Bruchquerschnitt Bh bei verschiedenen Seitenverhältnissen B/h und Kerbradien ϱ
(nach W. Rädeker und D. Heinz [50])

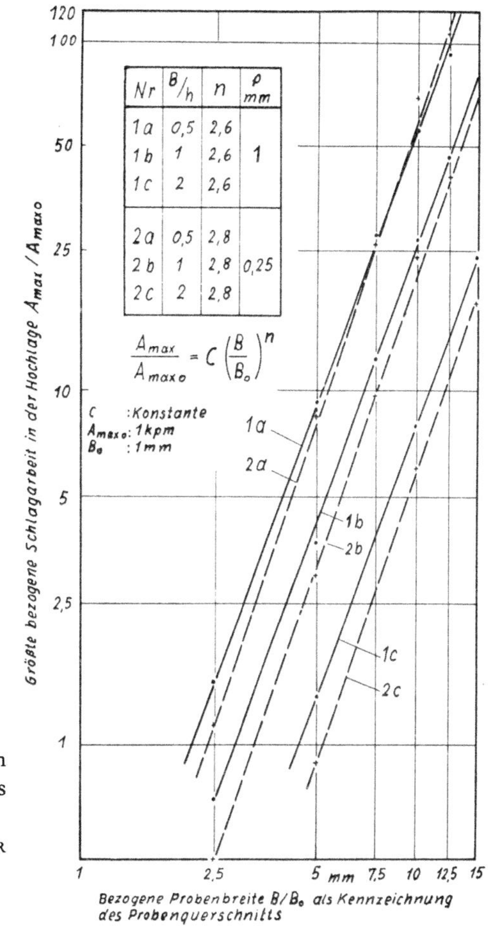

$$\frac{A_{max}}{A_{max\,o}} = C\left(\frac{B}{B_o}\right)^n$$

Abb. 42
Abhängigkeit der Schlagarbeit A_{max} von der Probenbreite B (zur Kennzeichnung des Probenquerschnitts)
(nach Versuchsangaben von W. RÄDEKER und D. HEINZ [50])
(Werkstoff: M St 42-3)

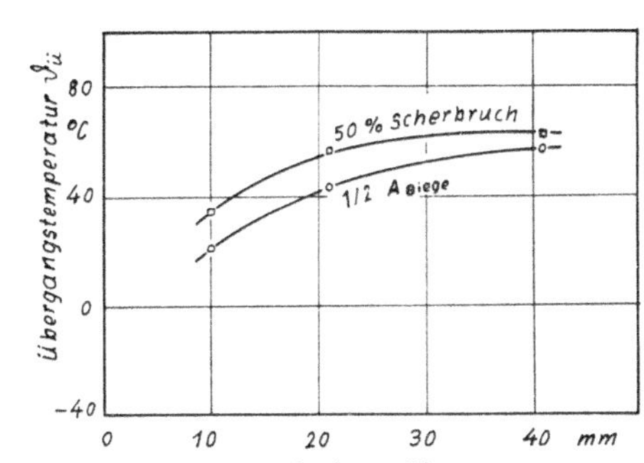

Abb. 43
Einfluß der Probengröße auf die Übergangstemperatur
(nach Y. AKITA [51])
(Statischer Biegeversuch)

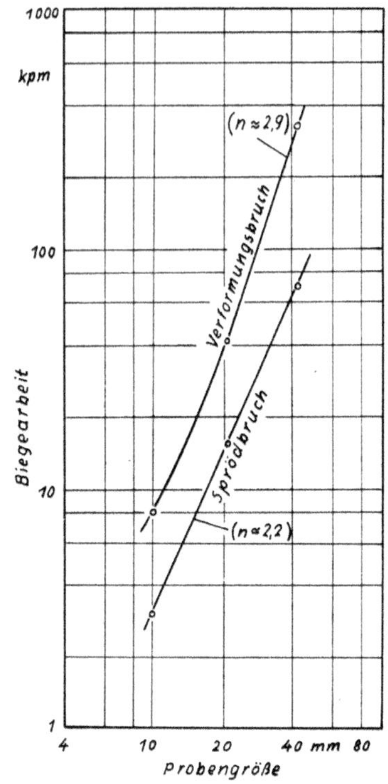

Abb. 44 Biegearbeit in Abhängigkeit von der Größe ähnlicher Proben (nach Y. Akita [51]) (Statischer Biegeversuch)

Forschungsberichte des Landes Nordrhein-Westfalen

Herausgegeben im Auftrage des Ministerpräsidenten Heinz Kühn
von Staatssekretär Professor Dr. h. c. Dr. E. h. Leo Brandt

Sachgruppenverzeichnis

Acetylen · Schweißtechnik
Acetylene · Welding gracitice
Acétylène · Technique du soudage
Acetileno · Técnica de la soldadura
Ацетилен и техника сварки

Arbeitswissenschaft
Labor science
Science du travail
Trabajo científico
Вопросы трудового процесса

Bau · Steine · Erden
Constructure · Construction material · Soil research
Construction · Matériaux de construction · Recherche souterraine
La construcción · Materiales de construcción · Reconocimiento del suelo
Строительство и строительные материалы

Bergbau
Mining
Exploitation des mines
Minería
Горное дело

Biologie
Biology
Biologie
Biologia
Биология

Chemie
Chemistry
Chimie
Quimica
Химия

Druck · Farbe · Papier · Photographie
Printing · Color · Paper · Photography
Imprimerie · Couleur · Papier · Photographie
Artes gráficas · Color · Papel · Fotografía
Типография · Краски · Бумага · Фотография

Eisenverarbeitende Industrie
Metal working industry
Industrie du fer
Industria del hierro
Металлообработывающая промышленность

Elektrotechnik · Optik
Electrotechnology · Optics
Electrotechnique · Optique
Electrotécnica · Optica
Электротехника и оптика

Energiewirtschaft
Power economy
Energie
Energía
Энергетическое хозяиство

Fahrzeugbau · Gasmotoren
Vehicle construction · Engines
Construction de véhicules · Moteurs
Construcción de vehículos · Motores
Производство транспортных · Средств

Fertigung
Fabrication
Fabrication
Fabricación
Производство

Funktechnik · Astronomie
Radio engineering · Astronomy
Radiotechnique · Astronomie
Radiotécnica · Astronomía
Радиотехника и астрономия

Westdeutscher Verlag · Köln und Opladen

567 Opladen/Rhld., Ophovener Straße 1–3, Postfach 1620

GPSR Compliance

The European Union's (EU) General Product Safety Regulation (GPSR) is a set of rules that requires consumer products to be safe and our obligations to ensure this.

If you have any concerns about our products, you can contact us on ProductSafety@springernature.com

In case Publisher is established outside the EU, the EU authorized representative is:

Springer Nature Customer Service Center GmbH
Europaplatz 3
69115 Heidelberg, Germany

Batch number: 10584556

Printed by Printforce, the Netherlands